凝煉知識品味閱讀

図解でよくわかる

圖解病蟲害的基礎

病害虫のきほん

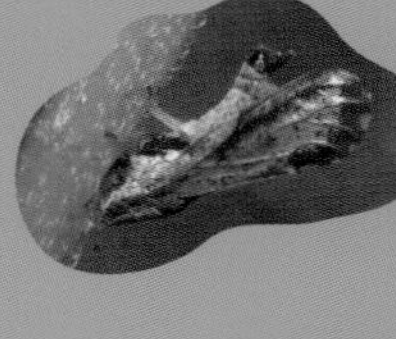

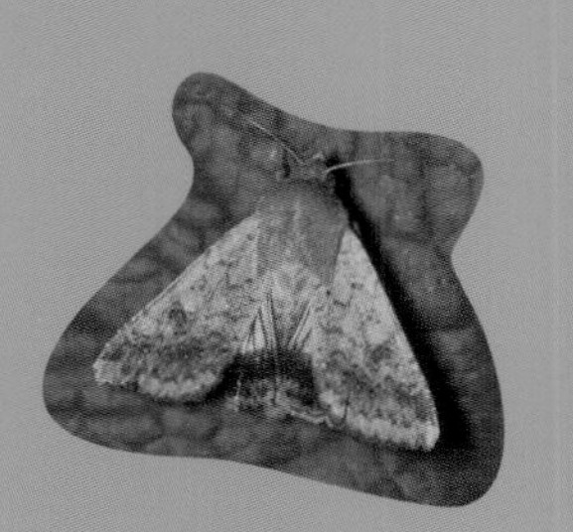

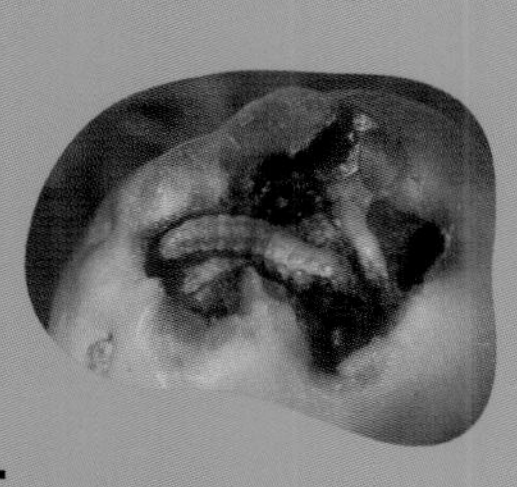

有江力　著

林巍翰　譯　　朱玉　審訂

五南圖書出版公司 印行

圖解病蟲害的基礎 目次

第1章

認識病蟲害發生的原因

第2章

認識植物的自衛能力

第3章

認識作物的敵人①病原體

第4章

認識作物的敵人②蟲害

第5章

作物健全發育的後盾——肥培管理

第6章

如何選擇和使用環境保全型農藥

第7章

不只依賴化學農藥的防治法①物理性防治

第8章

不只依賴化學農藥的防治法②生物性防治

目次

第9章
不只依賴化學農藥的防治法③耕種性防治

第10章
活用身邊的材料進行防治工作

第11章
未來的病蟲害防治之道

附錄 雜草的防治方法

小專欄

地球上的人口再過不久就要達到七十五億人了。植物的栽培和病蟲害深深影響著人類的歷史發展，若沒有透過馴化植物，創造出充分的食用植物來養育我們，人類文明的發展不可能達到現在這樣的高度。正如我在本書中「爲什麼農作物對病蟲害沒轍呢？」裡寫到，我們目前所食用的植物，其實和它們的原種完全不同，是由人類所創造出來的。這些食用植物和它們的栽培體系存在著不耐病蟲害的缺點。例如在日本的歷史上，冷害和稻熱病常常會造成糧食歉收，讓饑荒在歷史中不斷重演。

大約在一百五十年前，以愛爾蘭地區爲中心爆發了馬鈴薯晚疫病，引起大規模的饑荒，奪走了一百多萬條生命，這並不是離我們太遙遠的事情。生活在現代的我們，之所以可以免除饑荒的恐懼，可以說都要感謝在之後的時代裡，人類在抵抗性品種和化學農藥上不斷的研發、利用，讓病蟲害的發生得到了控制。

最近幾年，部分不肖人士濫用化學農藥，甚至發生了化學農藥摻入食品中的事件，造成人心惶惶談農藥色變。確實，早期的化學藥劑的確存在著急性毒性和殘留性的問題，但近年來農藥在登錄前需要經過嚴格的測試和評估，風險已經大幅降低了。雖然還是會有對標的外生物造成影響等問題，但是想一想，化學農藥的歷史至今只有短短的一百五十年，要對它進行全面的認識，或許還需要一些時間。

有鑑於此，社會上出現了不使用化學農藥來進行病蟲害防治的呼聲。生物性防治和物理性防治都是常見的例子，相關研究也在不斷地進行中。

本書將簡單的介紹植物病蟲害、植物和病原菌及蟲害之間的抗爭、保護植物不受病蟲害攻擊的化學農藥、生物防治方法和其他相關技術，還收錄了民間所使用的傳統方法。希望讀者在吸收內容的同時，遇到不懂的地方能夠主動查資料、學習，並試著用科學的方式來思考事情，舉例來說「生物性的防治和化學性的防治相比，眞的比較安全嗎？」等。

運用智慧來生產糧食並成爲地球上支配性物種的人類，今後仍然需要在確保糧食的量和質上下功夫，爲了能夠使人類安心的繼續繁衍下去，我們仍須努力不懈。

照片是生長於智利安第斯地區的野生番茄，和日本栽種的食用番茄之比較

第 1 章

認識病蟲害發生的原因

爲什麼農作物對病蟲害沒轍呢？

理由①農耕地裡缺乏「生物多樣性」

用於農業經營的水田、旱田、果園等「耕地生態系」，和自然林及原野等「自然生態系」不同，它們是「人爲創造出來的生態系」（人工生態系）。自然生態系裡多樣的生物創造出複雜的生物鏈關係，「複雜」帶來了不同生物之間相互關係的高度穩定，在這種情況下，極少發生某種特定生物數量的異常增加或遭受決定性的打擊。

在廣大的農地裡，「人爲創造出來的生態系」中栽種的都是單一作物的單一品種，所以連發育階段都是一致的。在這些農園內，雜草等不屬於生產目的的東西都會遭到排除，植物相非常單純。生活在裡面的昆蟲和微生物因爲以剩餘的農作物爲食，所以在種類上相當貧乏。在沒有天敵的昆蟲相中，害蟲的勢力發展迅猛，讓農人在栽種的過程中不得不使用農藥。

理由②品種改良導致植物「自衛力」的劣化

農作物對病蟲害缺乏抵抗能力的第二個理由是，和野生種相比它們的「自衛力」較弱。植物在漫長的進化過程中，爲了保護自己不被草食動物和病原菌侵襲，體內合成許多有毒物質來武裝自己。像是辣味、苦味、（柿子或菠菜等的）澀味等令人不快的味道，都是植物的「身體防禦物質」，能讓草食性動物退避三舍。

植物從野生種轉變爲栽培種的過程中，品種改良的目標除了增加產量之外，還有植物的無毒化和美味化。

目前有些農作物仍保留著有毒的防禦物質，例如馬鈴薯的新芽和莖葉（冒出地面的青薯也是）裡的茄鹼（solanine），變紅之前的青番茄裡的番茄鹼（tomatine），以及茄屬植物用來保護武裝自己的有毒化合物（生物鹼，alkaloid）都是。

理由③農作物的「營養價值」高

農作物的高營養價值，是病蟲害喜歡它的第三個理由。特別是施用含氮肥料而生產出的高蛋白質作物，對害蟲來說更是美味佳餚。容易讓作物生病的微生物也喜歡找高營養又軟弱的農作物下手。還有一個更棘手的問題是，當害蟲吃了多氮肥的高蛋白質含量作物後會促進牠們的發育，增加繁殖能力較高的害蟲數量，結果使害蟲的個體數量在下一個世代呈現爆炸性的增加。

農作物是人類爲了自己的需求，經過長時間選拔出來的低毒性作物，它們是在人類的保護管理下，生產出來的高營養、好味道的「人工植物」。其自衛力遠遜於野生的農作物，於是成了食物鏈中屬一級消費者的害蟲們最喜歡的攻擊目標。

①農耕地裡缺乏生物多樣性

- 栽培單一農作物＝植物相單純化
- 昆蟲相單純化＝天敵消失
- 害蟲在生存上占優勢＝數量增加

②農作物自衛力的劣化

- 品種改良造成無毒化
  ＝喪失了身體防禦物質
- 辣味、苦味、澀味等令人感到不快的味道和忌避物質的減少

③農作物的營養價值高

- 高蛋白質、高糖分
- 吃了該農作物的害蟲精力旺盛，繁殖能力提升

當三個要因重疊在一起時，植物才會發生病蟲害

三個發生的要因：主因、素因、誘因

植物會發生病蟲害有三個要因（見次頁上圖）。

▼「主因」→「病原菌和害蟲的存在」
▼「素因」→「作物的性質容易遭到病蟲害入侵」
▼「誘因」→「容易發生病蟲害的環境」

正如次頁示意圖所見，如果這三項要素沒有相互重疊的話，疾病和害蟲的危害不會發生。

這裡以病害的發生舉例說明，栽培環境中作為「主因」的病原菌如果密度提高的話，照理來說作物會比較容易生病。然而在大多數的情況下，只有這樣的條件，作物並不會發病。而當作物群落內的溼度和溫度等「誘因」，對病原菌形成有利的條件時，作物才會發病。此外，由於土壤中養分的過與不足，造成作物過度生長或發育不良等「素因」，也和病蟲害的發生有很大的關係。

「素因」和「誘因」才是關鍵

這裡舉稻米的天敵「稻熱病」（病原為絲狀真菌，銹菌的同類）的發生因素來作說明。有些稻米屬於容易罹患稻熱病的品種（素因），如果周遭環境存在著高密度的稻熱病病菌（主因），再加上持續多雨高溼的的栽培環境（誘因），那麼這三個要因就會被放大，互相嵌合在一起（稻熱病病菌的發芽和侵入需要靠水），這也是為什麼如果該年適逢多雨、冷夏的話就容易有稻熱病的危害發生。目前在水稻的種植中不斷推行稻熱病的抵抗性品種，如果能夠縮小「素因」的話，就算主因和誘因的影響仍不容忽視，但還是可以有效抑制病情的發生。

害蟲的發生也和「素因」及「誘因」有關。蔬菜的天敵——蚜蟲，特別喜歡寄生在因為氮過多，體質軟弱的作物身上。蚜蟲喜歡葉片的反面等有陰影的地方，因此當作物種植過密或生長繁茂時，反而提供蚜蟲一個適合增殖的環境（誘因）。

縮小三項因素的綜合防治

防治作物病蟲害的基本功，除了主因以外還需要考慮如何減少素因和誘因，以綜合的方式來管理病蟲害。雖然目前的病蟲害防治，主流上仍是以使用化學農藥來除去作為「主因」的病蟲害，但隨著社會上對環境保護意識的抬頭，在農藥之外加入不同的方法進行防治蔚為趨勢。

「不要只依賴化學農藥」是當前防治上面臨的課題之一，同時這在如何預防化學農藥對耐病性害蟲無效一事上也相當重要。

病蟲害發生的三要素

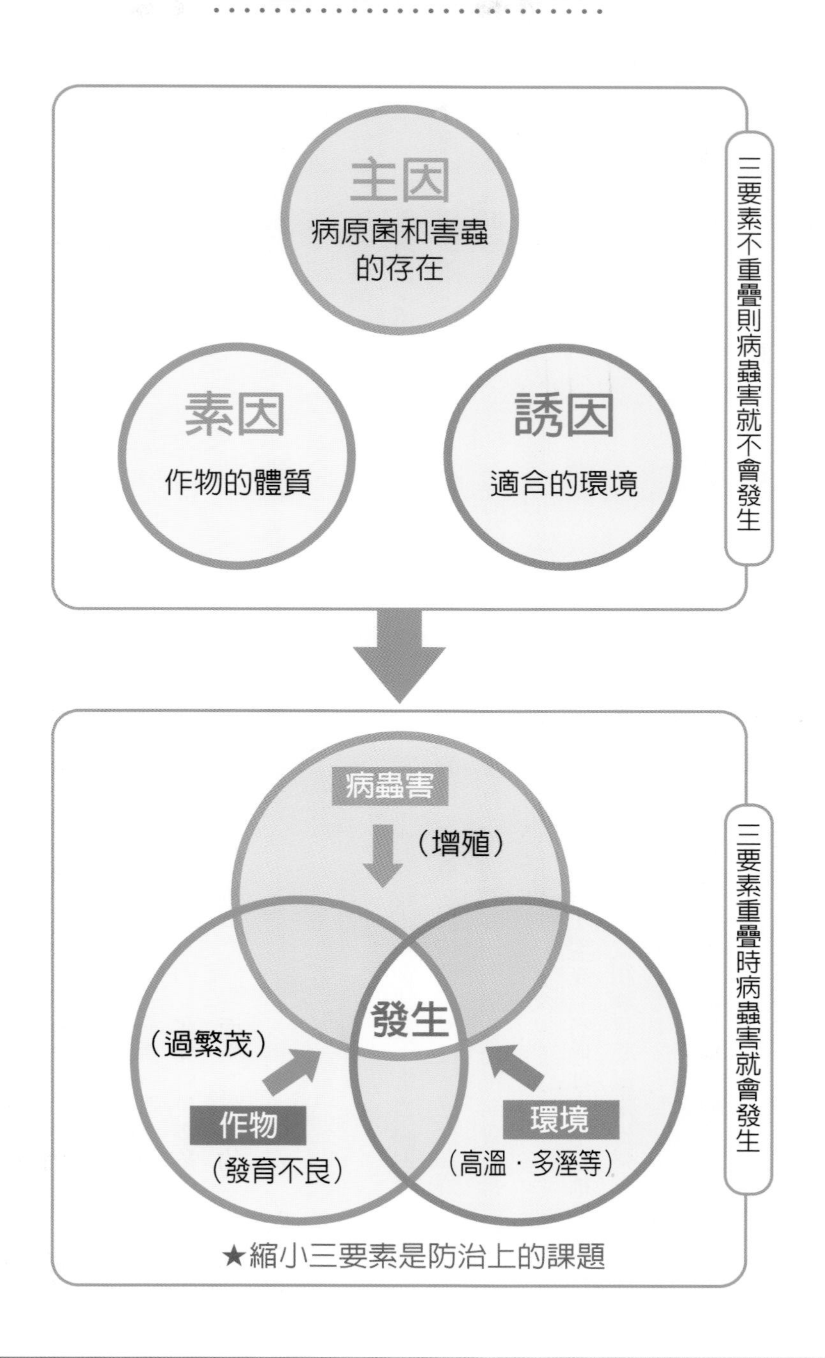
主因
病原菌和害蟲的存在
素因
作物的體質
誘因
適合的環境
三要素不重疊則病蟲害就不會發生
病蟲害
（增殖）
發生
（過繁茂）
作物
（發育不良）
環境
（高溫・多溼等）
三要素重疊時病蟲害就會發生
★縮小三要素是防治上的課題

能夠抵抗農藥的病蟲害正在增加

抵抗性害蟲及耐性菌為何增加？

對農藥的感受性（效果）具有抵抗能力的害蟲稱作「抵抗性害蟲」，病原菌則稱作「耐性菌」。

長期使用的農藥會逐漸失去功效，這麼一來會造成病蟲害增加，讓防治工作難以執行。新開發出來的農藥在剛問世時雖然很有效，但是日子一久同樣會漸漸失去功效，或者突然喪失功能。

為什麼擁有抵抗性和耐性的病蟲害不斷增加呢？其實在害蟲和病原菌的自然個體群內，本來就存在少數個體擁有能夠對抗殺蟲劑和殺菌劑的遺傳基因。雖然出現的頻率不高，但偶爾也會誕生出能夠抵抗藥劑的個體。如果一直使用同一種農藥，能夠對抗該藥劑的個體會存活下來，然後在整個群體內逐漸占據優位，這時農藥就會逐漸失去效果。也就是說，是農藥本身從自然的個體群中，篩選出能夠抵抗該農藥的害蟲，使農藥逐漸喪失效果。

使用「選擇性農藥」也是原因之一

農藥內容（機能性）的改變，也是讓能夠抵抗農藥的病蟲害增加的原因。農藥裡用來中止害蟲生命機能的機制稱為「作用機作」，實際作用在害蟲上的部位稱為「作用點」。一九七〇年代之前所使用的農藥，大多為針對「對象害蟲」產生較多阻害作用點的「多作用點、非選擇性」類型。那時幾乎沒有關於農藥的「抵抗性、耐性」問題。

近年來，社會上越來越關注農藥的安全性和環境問題，針對害蟲和病原菌的特定部位（生理機能）產生作用點，以及選擇性較高（提高對人畜的安全性）的農藥開發成為主流。作用點範圍較小的精確阻害型農藥對於害蟲來說，只要有少數遺傳基因的變異就可以抵抗，比較容易產生具有抵抗性和耐性的害蟲。

「交叉抵抗性」產生許多無效的農藥

在使用農藥時須特別注意，當害蟲對含有殺蟲劑或殺菌劑的特定農藥之抵抗性（耐性）已存在時，就算對目前為止沒有使用過的其他農藥，也可能會有抵抗性，這種情況稱作「交叉抵抗性」。

交叉抵抗性會出現在具有同種作用機構的藥劑中，因此當使用者不清楚這款和那款藥劑是否具有相同的作用機構而使用時，反而會造成具有抵抗性的害蟲增加。目前新的農藥不斷問世，掌握其作用機作的資訊，將它利用在農業上將會越顯重要。

為何擁有抵抗性及耐性的病蟲害會增加？

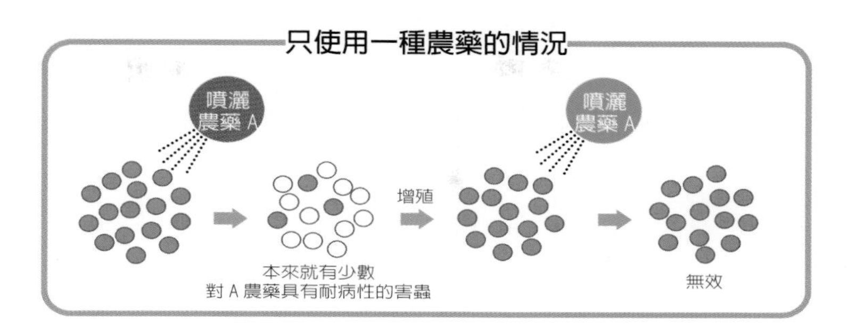

選擇性農藥的弱點

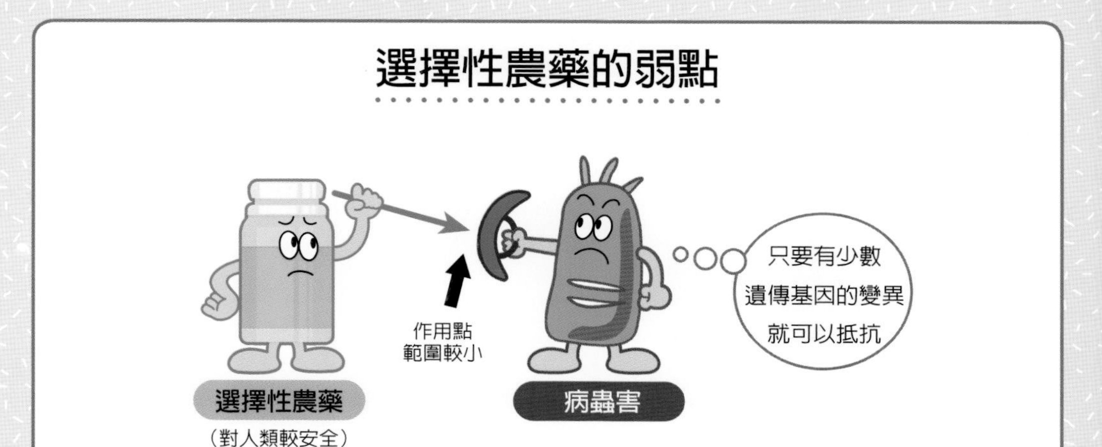

因交叉抵抗性而失效的農藥

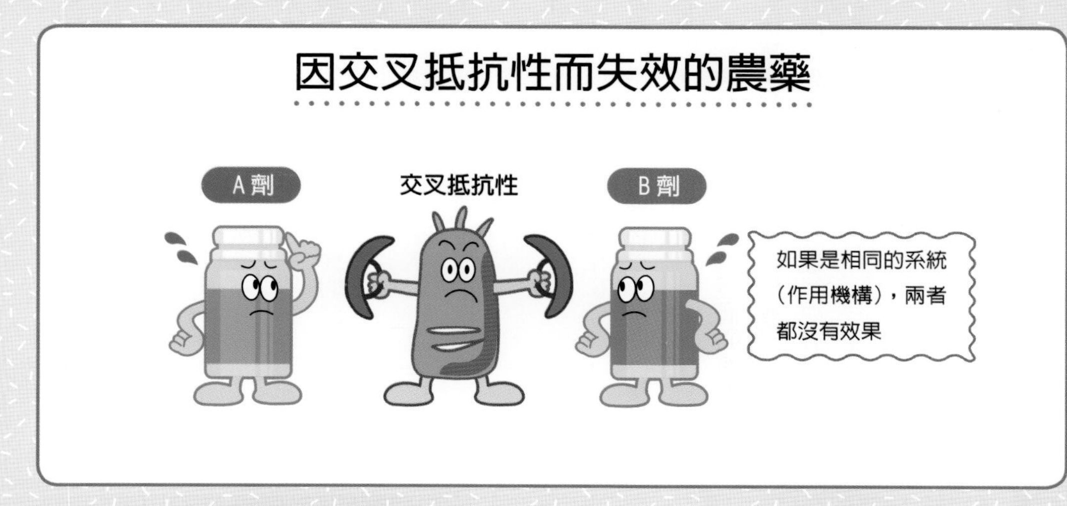

全球暖化使病蟲害加劇

全球暖化為病蟲害提供了舒適的環境

全球暖化造成日本年平均氣溫上升，對病蟲害的發生帶來相當大的影響。

害蟲和病原菌因爲暖化的緣故，越冬量增加，一整年都是活動時期（發生增加、發生早期化、終息延遲）。氣溫一旦升高，原生於南方的病原菌和害蟲會往高緯度地區擴張，延長活動期間（北限北上、廣域發生）。

哪些病蟲害增加了？

【水稻的病蟲害】

日本農研機構對於日本稻作因全球暖化所受病蟲害的變化調查顯示，許多縣都出現由椿象類引發斑點米的報告。當稻子長出穗以後，椿象就會由周邊的雜草往田地中移動，吸取稻穀中的乳汁，是讓糙米留下斑點的難纏對手，甚至在北海道也經常發生。

其他增加的害蟲還包括稻弄蝨（一文字弄蝶的幼蟲），孵化幼蟲會將稻葉捲成筒狀，待成長之後於夜間啃食。如果該年爲暖冬的話，會有許多越冬幼蟲產生，增加夏季時的發生機率，它的危害擴及日本全土。

病害方面，菌喜歡高溫（28～29℃）的環境，提高了紋枯病的發生機率。

【蔬菜的病蟲害】

害蟲方面有薊馬類（在溫室栽培的果菜類中，屬於難以防治的微小害蟲）的發生早期化、終息延遲。其中造成大面積受害的南黃薊馬，從東南亞侵入九州，目前牠的勢力範圍已擴及到福島縣（譯註：日本東北地區）且定居下來。南黃薊馬會在溫室中越冬，對種植在室外的茄子和青椒造成危害（幼蟲時期吸取葉子和果實的汁液，在果實上留下疙瘩狀瘢痕的傷口）。

病害方面則有白蘿蔔、蕪菁等十字花科蔬菜類病毒病的發生增加及早期化（藉由媒介害蟲蚜蟲的增加）。

果樹也面臨著新的侵入病蟲害

「柑橘黃龍病」是爲柑桔產地帶來毀滅性打擊的熱帶性病害，是目前在日本德之島以南的南西諸島上已經確認發生的細菌病。受到感染的樹木會全體發育不良，隨著病情的惡化，造成作物的枝條或整株植物枯萎。柑橘黃龍病主要由柑桔木蝨進行蟲媒傳染，因爲嚴禁從發生地區攜出苗木，日本本土才能倖免於難。

隨著全球暖化現象的發生，爲這些從南方來的新型侵入病害蟲提供了北上、定居的有利環境。

全球暖化對病蟲害帶來的影響

斑點米椿象的增生

椿象造成的斑點米，一千粒玄米裡只要有兩粒斑點米，品質就會降到二等米以下

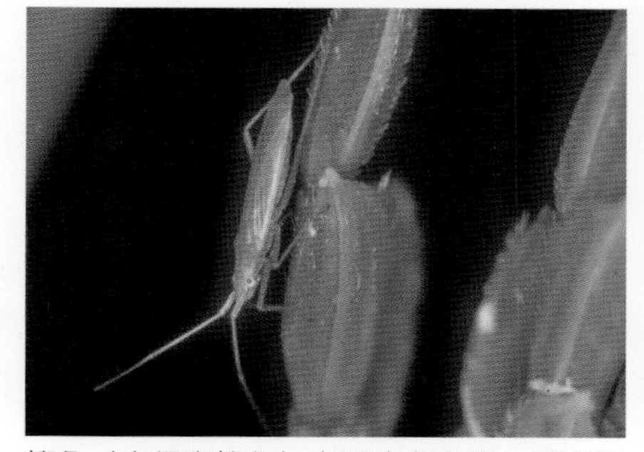

椿象（赤須盲椿象）在日本北海道、關東等地的蟲害增加

北進的南黃薊馬

南黃薊馬

南黃薊馬造成的蟲害（茄子）

入侵果樹的新型病害——柑橘黃龍病

受到感染奄奄一息的香檬樹
（攝影：岩波徹）

葉片的黃化症狀（越南）
（攝影：岩波徹）

提早掌握「病害蟲發生預知情報」

● 從「病害蟲防除所」發出的預知情報

在判斷是否該防治病蟲害以及其時間點時，除了觀察農園實際的狀況之外，利用日本國內各都道府縣的「病害蟲防除所」所公布的「發生預知情報」也很重要。

「發生預知」的目的，是爲了將病蟲害帶來的經濟損失降到最低。「病害蟲防除所」是根據日本植物防疫法所設置的行政機關，透過在各個縣內設置「預察燈」來誘殺椿象等害蟲（其他還有使用費洛蒙誘餌和在定點水田進行捕撈等方式），然後將調查結果配合氣象報告（天氣對病蟲害的發生影響很大），預測今後害蟲的發生量和被害程度，再以「病害蟲發生預知情報」的方式公布。

情報的分類總共有四種

預報	定期公布的主要病蟲害發生預測
注意報	預測病蟲害將會發生，需要及早採取防治對策的時候發表
警報	預測病害蟲將會大流行，需要採取緊急防治對策的時候發表
特殊報	新的病蟲害發生時，或是生態及害蟲數量發生消長等特殊情況時發表

近年，許多「病害蟲防除所」也會使用網路來發送訊息，讓更多人能夠在第一時間取得預知情報。此外「病害蟲防除所」爲了防範新的病蟲害侵入日本而造成流行，也和日本的植物防疫所攜手合作，進行侵入警戒調查。

預察燈

水田捕撈調查

費洛蒙誘餌調查

（攝影：鳥取縣農業試驗場）

第 2 章

認識植物的自衛能力

抵抗看不見的敵人——「活性氧類」

為何花朵們如此爭奇鬥艷呢？

植物讓花朵看起來色彩繽紛，這麼做不只是爲了吸引能夠搬運花粉的昆蟲，達到繁衍子孫的目的而已。美麗的外表還有另一個功能，就是保護自己不受紫外線的傷害。

植物接受太陽光進行光合作用，從中獲得作爲養分的碳水化合物，與此同時也得對抗同樣來自陽光中，會造成傷害的紫外線。紫外線不管是對植物或對人體，都會產生有害的活性氧類，促使生物老化。植物如果拿不出抵抗活性氧的對策，就無法存活下去。

植物製造出來的「抗氧化劑」主要有「花青素」和「胡蘿蔔素」，這兩者又被稱作兩大色素。

兩大色素就是植物的倚天劍和屠龍刀

【花青素】 多酚是植物天生帶有苦味和澀味的來源。紅色、紫色或藍色花瓣裡的多酚在經過熱水浸泡後會釋放出來將水染色，這是它們的特徵。多酚存在於紅紫蘇、紫甘藍、紅洋蔥和茄子等蔬菜中，水果中則有能夠用來釀葡萄酒的紅紫色葡萄和藍紫色的藍莓，草莓的紅也是源自於多酚。

【胡蘿蔔素】 紅色、橙色和黃色等色素不溶於水，這是胡蘿蔔素和花青素最大的不同之處。十字花科中油菜花耀眼的黃是代表性的胡蘿蔔素。蔬菜中的番茄、西瓜、南瓜、紅蘿蔔，水果中的柿子、枇杷和柑橘類等，也都含有胡蘿蔔素。太陽光越是強烈，花、葉和果實的顏色就越深。種在室外的黃綠色蔬菜其鮮豔的顏色和光澤都是和強烈紫外線抗戰後的結果。

「維生素ACE」提供植物保護自己的力量

植物的抗氧化物質有維生素E和C。維生素E擁有強力的抗氧化功效，能夠防止身體老化，常保青春。黃麻菜、南瓜、紅椒、白蘿蔔葉、紫蘇和羅勒等黃綠色蔬菜中都富含維生素E。維生素C則具有抑制過度氧化脂肪的功效，而且和維生素E和A有很好的相容性，三者合稱「維生素ACE（王牌）」。當維生素A、C、E碰在一塊兒後會產生加乘作用，進一步提升抗氧化和防止老化的效果。當人類吃下植物後，這些用來對抗紫外線的色素和維生素也會成爲我們健康的來源。

美麗的色彩是對抗紫外線（活性氧類）的利器

兩大抗氧化色素　①花青素 溶於水的色素

紅紫蘇

藍莓

葡萄（紫色）

草莓（果實）

其他還有紫色洋蔥和茄子（果實）等。

兩大抗氧化色素　②胡蘿蔔素 不溶於水的色素

油菜

番茄

其他還有紅椒、柿子、枇杷和柑橘類等。

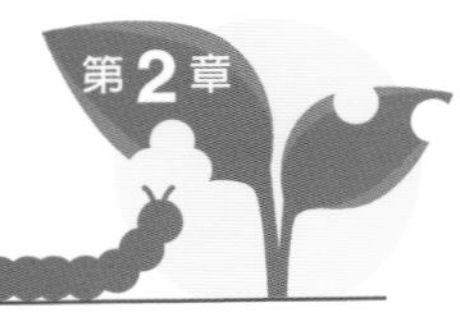

植物擁有的防禦壁——「靜態抵抗性」

植物先天具備的抵抗性

栽培植物雖然不如野生植物這麼強韌，但還是擁有抵抗外敵、保護自己生命和子孫（種子）的防禦機制，「靜態抵抗性」就是這種防禦機制之一。

靜態抵抗性是植物先天就具備的抵抗能力，又可分爲「物理抵抗性」和「化學抵抗性」兩種。

【物理抵抗性】植物葉子的表層上，受到具有撥水性的蠟等角質層（cuticle）所保護，不但可以防止水分過度蒸散，還能提高耐病性和耐蟲性。而表皮的厚度、硬度和細胞壁的強度（隨著纖維素（cellulose）及木質素（lignin）的增加），都是主要的物理抵抗性。

澀味、苦味、辣味都是植物的化學武器

【化學抵抗性】澀味、苦味等抗菌及拒食作用的成分，潛藏在任何一種植物之中。

〔澀味〕具有澀感的多酚類色素花青素，它除了擁有前一節提過的「抗氧化機能」外，還具有抗菌性和耐蟲性，用以保護花朵和種子。此外，澀味的代表單寧（tannin）具有強力的蛋白質凝固作用，透過抗菌效果和進食障礙反應效果等來抵抗病蟲害和野獸的侵襲。

〔苦味〕苦味是含有生物鹼毒性的危險信號。青番茄裡的番茄鹼和馬鈴薯中的茄鹼，都是能對草食性的鳥類和哺乳動物產生拒食作用的物質。菸草裡的生物鹼和尼古丁在歷史上都曾被當作殺蟲劑來使用。

白蘿蔔的末端為什麼會辣？

〔辣味〕提到辣味會讓人想到白蘿蔔和山葵（兩種同屬於十字花科），大部分十字花科的植物體內都含有帶辣味的葡萄糖異硫氰酸鹽（芥子油配糖體）。

葡萄糖異硫氰酸鹽存在於植物的薄壁組織裡，在同一株植物體內還存在著作爲分解酵素的黑芥子。當植物遭到啃食，組織受到破壞時，兩種成分一經接觸加水分解，就會游離出具有強烈辣味的異硫氰酸烯丙酯。

白蘿蔔最辣的地方在根部的尖端，一般認爲這是爲了「讓尖端的成長點在生長時能夠不受到害蟲啃食，因此那個部位才會特別的辣」。也有人指出這種辣味的成分具有抑制癌症發生的效果。

此外，大蒜和蔥裡含有的大蒜素（allicin）成分也具有抗菌作用，並帶有特殊的氣味。

植物的靜態抵抗性

物理抵抗性

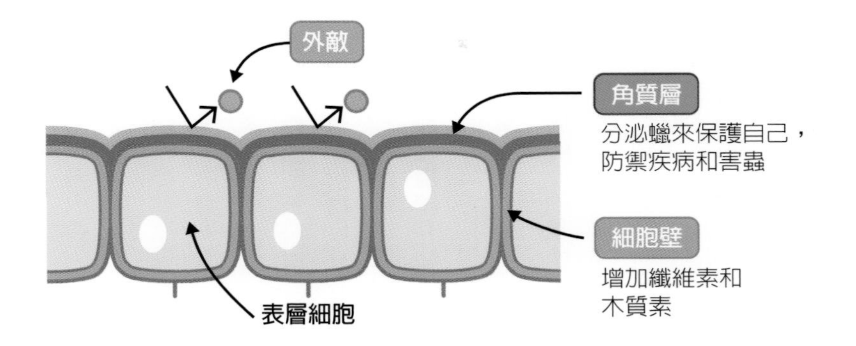

化學抵抗性

澀味

- 花青素
（抗菌、耐蟲性）
- 單寧
（凝固蛋白質）

苦味

- 生物鹼（毒性）
  - 青番茄・番茄鹼
  - 馬鈴薯・茄鹼
  - 菸草・尼古丁

綠馬鈴薯

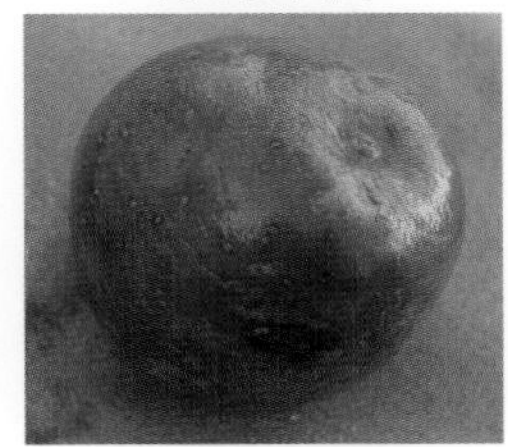

（有毒成分茄鹼）

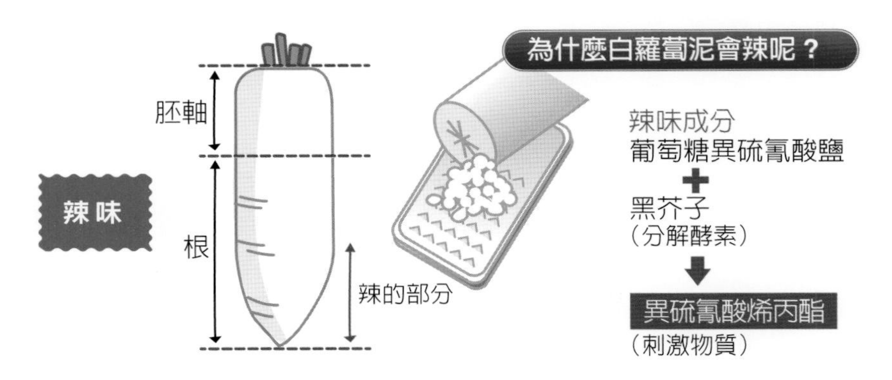

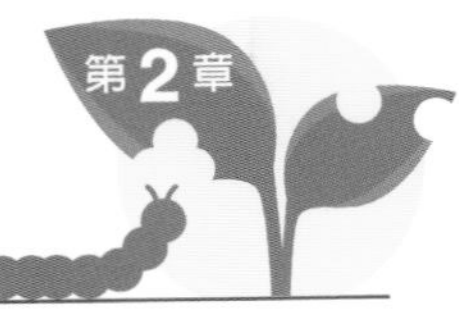

感染後的防禦作戰——「動態抵抗性」

造成細胞死亡的「過敏反應」，帶著病原體一起上路

「動態抵抗性」指的是，當栽培植物感知到病原體後，藉由發現病原體基因所引發的一連串防禦反應。「過敏反應」是植物最具有代表性的動態抵抗反應。

當抵抗性較強的植物受到感染時，經由被稱作「過敏反應死」的自發性反應，遭到入侵的宿主植物會藉著讓細胞急速死亡的方式，來消除侵入體內的病原體。

當過敏性反應導致細胞死亡後，宿主植物會產生有毒的活性氧，這種毒會造成植物自身的細胞死亡，死亡的細胞會將病原體團團圍住，讓病原體失去賴以爲生的空間，好讓活著的植物細胞能夠繼續存活下去。植物這種用部分犧牲來換取全體生存的方法，是相當優異的防禦戰略。

我們可以在很多遭到絲狀眞菌和細菌類等感染的植物身上看到「過敏感細胞死」的現象。從結果來看，植物身上會形成將病原菌封鎖起來的壞死的病斑，用來阻止病原向周邊蔓延。

形成新的物理防禦壁

【形成乳頭狀突起】病原菌入侵的初期，宿主細胞組織內會形成形似乳頭狀的突起構造，將病原菌包圍起來。這種乳頭狀突起會產生胼胝質（Callose）等物質，這是植物對病原菌入侵所採取的物理防禦壁。

【細胞壁的硬化】在遭到病原菌感染後，木質素（和纖維素等結合，在細胞之間形成接合，爲一種木質化的高分子化合物）會沉積在植物體內包圍著細胞的細胞壁中，使其變硬，形成防禦壁，讓病原菌的菌絲無法順利伸展。

植物遭到入侵後產生的化學物質

「植物抗菌素」（phytoalexin）不存在於健康的植物體內，它是在植物受到病原菌感染後，經由生物合成（biosynthesis）產生的化學抗菌性物質的總稱。植物抗菌素在抑制病原菌生長的同時，也有防止病斑部擴大的作用。

植物體內合成的抗菌素因植物的種類不同而各異，目前已經發現的就有一百多種。例如烯類（terpene，具有抗菌抗病毒作用）、黃酮類化合物（flavonoid，多酚的一種，具有抗氧化抗菌的作用）等。

雖然植物本身擁有防禦機制，但病原菌還是會侵入植物體內奪取它們的養分。因此植物和病原菌才會互相透過基因變異的方式，讓「共進化」的現象持續下去。

植物遭到感染後的防禦策略——動態抵抗性

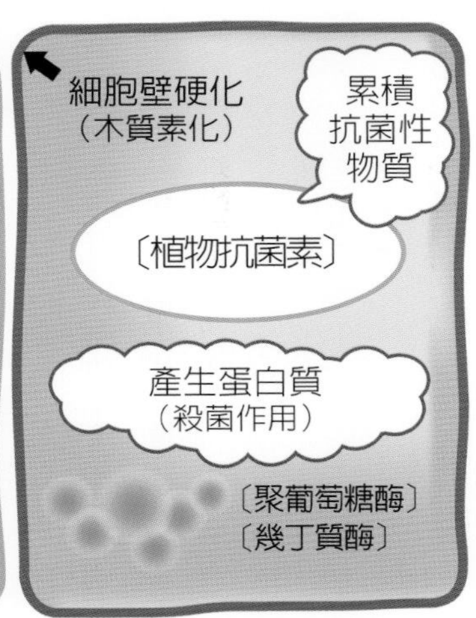

植物和病原菌的共進化

—— 永無止盡的戰爭 ——

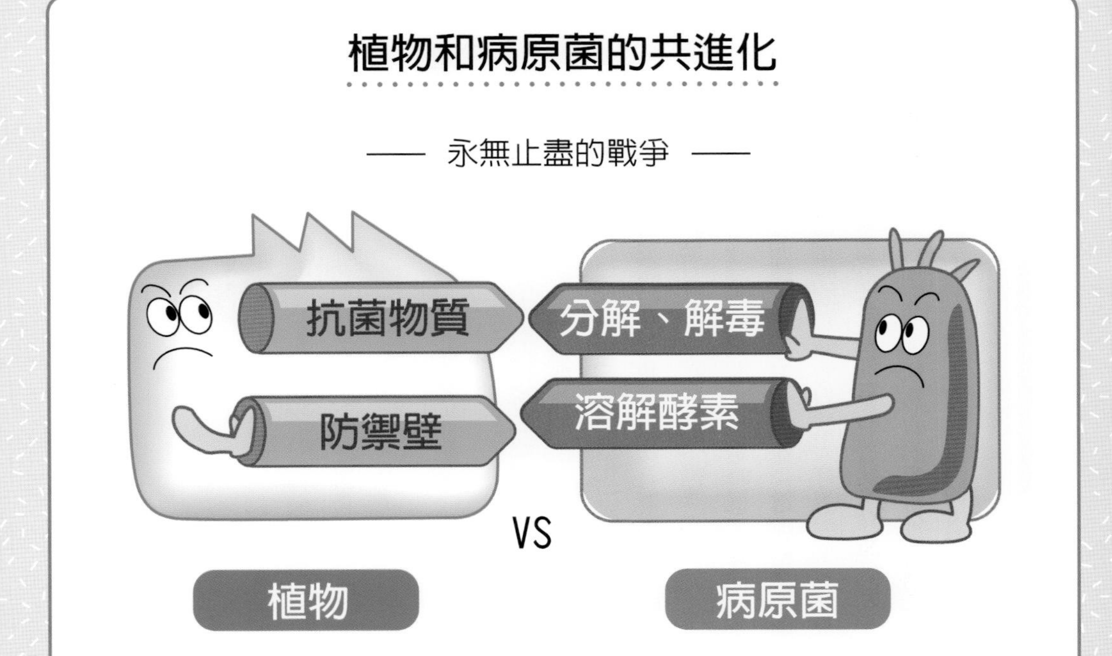

「植物保護」作爲自衛力後盾的必要性

不斷進化的軍備競賽——以害蟲為例

和植物進行軍備競賽的可不只病原菌而已，害蟲同樣不落人後，這裡舉幾個例子來看。

屬於茄科的煙草植物體內，含有有毒的生物鹼尼古丁，這種會破壞神經傳達機能的神經毒物質，對菸草來說，卻是用來對付想要食用它的動物的利器。

儘管菸草擁有尼古丁這種有毒的防禦武器，但並不表示害蟲就會對它退避三舍了，煙夜蛾和菸草天蛾（譯註：日文漢字寫作煙草雀）就是這樣的害蟲。因爲這兩類害蟲身上帶有尼古丁的解毒功能，因此牠們的幼蟲可以毫不在乎地朵頤著菸草的葉子。

當尼古丁和其他食物一起進入這類害蟲的體內後，牠們腸管細胞內的解毒酵素就會開始作用，化解尼古丁的毒性。害蟲們各自提升自己擁有的解毒機能，克服植物產生的毒素，讓子孫的生命力得以進化。

共進化讓防治害蟲更難

遭到害蟲啃食的煙草也會採取對抗性的防衛措施，當遭到蟲害的情報由葉子經過篩管傳到根部後，根部就會增加尼古丁的合成量，然後透過導管再傳回葉子，透過提高葉子的尼古丁含量來面對蟲害的挑戰。

尼古丁的濃度提高後，解毒機能較弱的害蟲就會減少進食，幼蟲的成長也會陷入停滯，只有那些解毒機能較強的才能存活下來。這種植物和害蟲相互較勁的關係稱作「共進化」。

番茄夜蛾是和菸草產生「共進化」的煙夜蛾的近親，牠的幼蟲喜食茄科的果菜類（茄子、青椒、番茄等），是茄科果菜類葉子、花蕾、果實的主要害蟲，而且牠們對殺蟲劑的抵抗性也強，在日本全國各地蔬菜和花木的產地中都屬於難以防治的害蟲。

如何對植物的自衛力進行綜合支援是今後的課題

栽培作物該如何迎戰經過「共進化」的害蟲呢？

從食物鏈的整體結構來看，植物（生產者）原本就擁有成爲害蟲（初級消費者）的食物之命運。

然而栽培作物透過品種改良先是降低了毒性（主流菸草爲低尼古丁的品種），還追求美味（增加糖分和胺基酸等），自然對於害蟲的防衛能力就大打折扣了。在害蟲眼中，栽培作物根本就是營養豐富的「健康食品」。

如何將野生種植物原本所具有的抵抗性，透過育種的方式導入栽培作物中，該種研究目前仍在進行中，將會有怎麼樣的成果出現，備受各方期待。

共進化後成為難以防治的害蟲——煙實夜蛾類

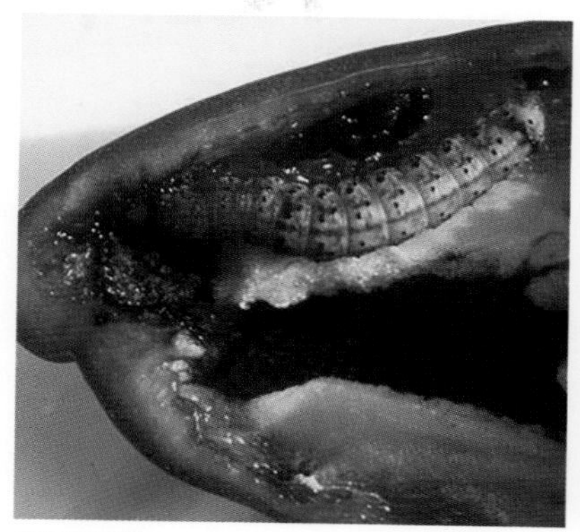

煙實夜蛾
啃食青椒的煙實夜蛾幼蟲。

番茄夜蛾的老齡幼蟲
煙實夜蛾會侵害茄科植物，番茄夜蛾侵害的對象更廣，花木和蔬菜等多數作物都是牠的受害者。

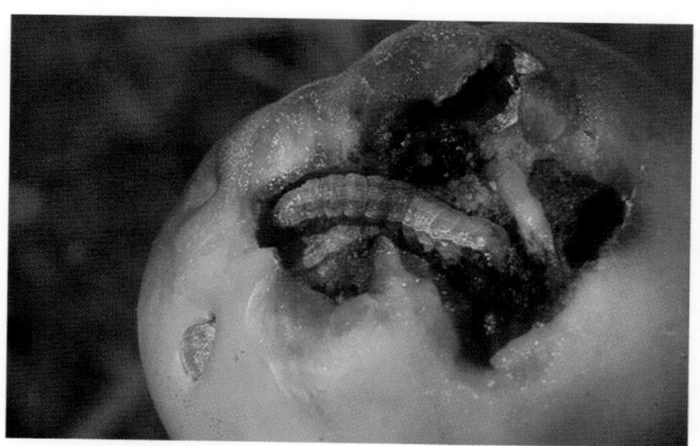

啃食番茄的番茄夜蛾

用綜合防治對抗難以防治的害蟲

煙實夜蛾類為夜行性昆蟲，會在夜間飛到作物間產卵。在夜間點上「黃色螢光燈」可以產生忌避效果，能夠降低受害的程度。

植物用來呼叫害蟲天敵的 SOS 物質

●作物採取的共同利益防衛戰術

當作物受到蟲害時，會散發出揮發性的 SOS 物質來吸引害蟲的天敵，進行具有共同利益的防衛戰。以下舉例說明：

▼當玉米受到甘藍夜蛾侵害時，會散發出 SOS 物質來引誘寄生蜂。如果是物理性的傷口，玉米並不會產生求救信號，但是當傷口碰到甘藍夜蛾的唾液後，就會發出求救的信息。甘藍夜蛾唾液中的某種物質會形成激發子（elicitor，誘導植物防衛反應的物質），形成玉米 SOS 信號中的物質。

▼二點葉螨啃食豆類的葉子時，豆類會發出 SOS 物質〔類萜（Terpenoid）化合物〕，找智利小植綏螨來幫忙。

▼當玉米的根受到金花蟲幼蟲侵害時，會從根部發出 SOS 物質，呼叫寄生在金花蟲幼蟲身上的寄生線蟲。

▼十字花科植物一受到綠色毛蟲攻擊就會散發出異硫氰酸烯丙酯（揮發性的辣味成分），找寄生蜂來解決問題。

●想看到共同利益防衛戰術的成果，在地的害蟲天敵（日文漢字為土著天敵）不可少

有些作物在面對不同的害蟲時，散發出來的 SOS 物質構成也不一樣，這樣就可以在對付不同的害蟲時找來對應的天敵，這真是相當巧妙的防禦戰術。

一定要有在地的害蟲天敵，作物才能和害蟲的天敵攜手合作，在共同利益防衛戰中交出漂亮的成績單。如果害蟲的天敵被殺蟲劑撲滅了，戰術也就無法成立了。

被十字花科植物的 SOS 物質召喚來的菜粉蝶絨繭蜂，牠是綠色毛蟲的天敵

攝影：（一社）日本植物防疫協會

第3章

認識作物的敵人 ①病原體

絲狀眞菌帶來的病害

作物病害的原因有八成來自「絲狀真菌」

絲狀眞菌一般稱爲「黴菌」，用菌絲這種型態生活。

水田和旱田中存在著許許多多的微生物，微生物對於植物的成長、自然界全體物質的循環和生態系的維持，都是重要而不可或缺的存在。然而有極小部分的微生物會對植物的生長帶來危害，甚至引起致命的病害。

微生物的體型由小排到大可以分爲細菌、放線菌、絲狀眞菌（黴菌或蕈類）、藻類（藍藻或綠藻）、原生動物（阿米巴原蟲等）。此外，雖然很難將「病毒」看作生物，但只要是會感染植物的病原體，也是微生物的一種。如果我們將土壤中微生物的重量換算來看，約有70％屬於絲狀眞菌，約有25％由細菌和放線菌所組成。而發生在植物身上的病害約有八成，是由絲狀眞菌所引發的。

絲狀真菌最喜歡溫暖多溼的環境

絲狀眞菌在大多數的情況下會形成分生子等孢子，使其飛散。待到了新的地方後，孢子會開始發芽產生菌絲，擴展它的分布範圍。等到菌絲成長後，又會開始形成孢子進行增生。病原絲狀菌的孢子一旦附著在植物身上就會開始發芽，生長自己的菌絲，藉由製造附著胞（appressorium）等方式侵入植物體內。

以絲狀眞菌爲例，許多病原菌都喜歡溫暖且溼度又高的環境。雨天讓孢子更容易飛散，也便於土壤中病原菌的移動，造成植物病害的發生。

絲狀真菌的主要病害

接下來要介紹絲狀眞菌發生在植物身上的代表性病害。

【白粉病】（Powdery mildew），一旦受到感染，植物的葉子就會像被撒上了麵粉一樣，產生白色的黴。許多植物身上都會發生這種病，根據植物種類的不同，感染的病原菌也不相同。和其他病原菌的發生相異，白粉病病原菌的特徵，容易發生於乾燥的環境下。隨著病原菌的成長，黴菌會覆蓋在整株植物上，使植物的成長受到阻礙，葉子也會變形變黃，最後造成植物枯萎。

【露菌病】（Downy mildew）發生在小黃瓜等葫蘆科作物和菠菜的世界性範圍疾病。露菌病是由過去被認爲是絲狀眞菌的色藻界所引發的疾病。這種疾病會在作物葉片的背面產生黴菌，讓發病的部位黏呼呼的。

絲狀真菌的病害呈現樣貌

白粉病

染上白粉病的香碗豆

露菌病

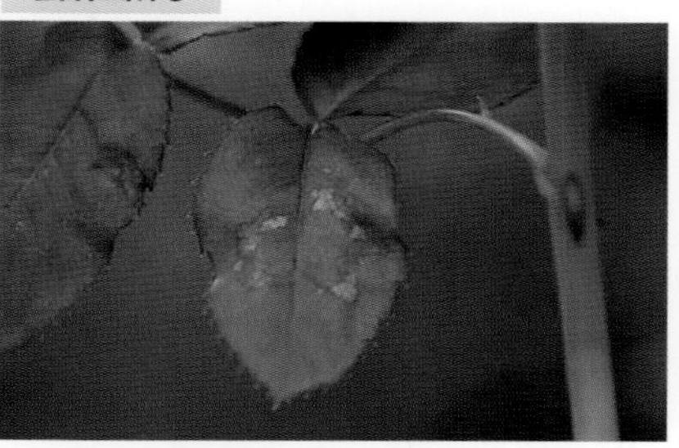

染上露菌病的玫瑰

由絲狀真菌引起的主要疾病

作物	古生菌類	藻菌類	子囊菌類	擔子菌類	不完全菌類
稻類		黃化萎縮病 苗腐病	馬鹿苗病 胡麻葉枯病 條紋葉枯病	墨黑穗病 紋枯病	稻熱病 小粒菌核病
麥類		褐色雪腐病 黃化萎縮病 大麥黃葉病	紅色雪腐病 白粉病 立枯病 赤銹病	腥黑穗病 黃銹病 赤銹病	大麥的豹紋病 雲紋病 小麥葉枯病
馬鈴薯	粉狀瘡痂病	疫病		黑銹病 白絹病	炭疽病 灰黴病 夏疫病
豆類	豌豆、蠶豆的火腫病	大豆露菌病 菜豆綿腐病	大豆的黑痘病 炭疽病 菌核病 紅豆、菜豆的白粉病	紅豆的白絹病 銹病 蠶豆銹病	大豆赤銹病 菜豆立枯病
蔬菜	白菜的根瘤病	番茄疫病 褐色腐敗病 小黃瓜、甜瓜、白菜的露菌病 白菜、白蘿蔔的白銹菌	茄子、番茄、小黃瓜、南瓜、白蘿蔔的菌核病 小黃瓜、南瓜的白粉病	茄子、菜豆的苗立枯病 番茄、紅蘿蔔的白絹病 蘆筍的紫紋羽病	茄子的褐紋病 炭疽病 茄子、番茄的輪紋病 瓜類的黃葉病
果樹		柑橘果實褐腐病 葡萄露菌病	蘋果、茄子、葡萄的白粉病 蘋果、梨子的黑星病 柑橘瘡痂病 蘋果的黑點病和花腐病 桃子、栗的胴枯病 各種果樹的白紋羽病	蘋果、梨子的赤星病 各種果樹的紋羽病	蘋果褐斑病 梨子黑斑病 桃子炭疽病 葡萄褐斑病 柑橘炭疽病 各種果樹的菌核病 蘋果斑點
草花		玫瑰露菌病 康乃馨疫病等	各種花草的白粉病 菌核病等	玫瑰銹病 菊白銹病	菊黑斑病 菊褐斑病 菊、仙客來的灰黴病 康乃馨的苗立枯病、立枯病、萎凋病

注：炭疽病中已知為有性生殖的稱作子囊菌類，還無法確認的列入不完全菌類，這些都是原本相當近緣的物種。

細菌帶來的病害

細菌感染的速度相當迅速

細菌生長在我們生活環境之中，體型非常微小（大小約爲1㎛）。細胞的形狀有球狀、桿狀、螺旋狀等，會讓植物生病的幾乎都以桿狀爲主。許多細菌都有鞭毛，能輕易地在水中移動。因爲有些細菌能在沒有氧氣的地方生存（厭氧菌），相較於旱田的環境，水田裡細菌的比例較絲狀眞菌高出許多。

細菌的英文寫作「bacteria」，因爲它會不斷透過細胞分裂進行增殖，所以感染的速度相當快，引起的受害範圍通常較大。

放線菌帶來的病害

放線菌細胞的大小和構造與細菌相似，它的特色是會像黴菌一樣伸長菌絲形成孢子，在分類學上屬於細菌的範疇。因爲放線菌的同類中有許多可製造「抗生素」，所以能夠用來對付寄生蟲而榮獲諾貝爾獎的「伊維菌素（ivermectin）」，其中的成分也取自於放線菌。

然而放線菌中並非只有有益的物質，其中也有造成植物生病的原因。代表性的疾病爲「馬鈴薯瘡痂病」。

發病原因為細菌的主要病害

接下來介紹由細菌造成的代表性植物病害。

【軟腐病】 這種疾病會感染白菜和紅蘿蔔等爲數眾多的蔬菜和草花。感染初期，植物地際部的莖等地方會呈淡黃色，接著會像泡過水一樣變色，最後植物的身體會軟化，像溶解一樣腐敗，並釋放出惡臭。

這種疾病容易發生在梅雨季結束和夏天時，若土壤的排水不佳則更容易發病。病原菌生活在植物根系周邊，從植物的傷口侵入植物體內進行感染。病原細菌經由雨水更容易傳播，颱風或豪雨過後，是疾病容易傳染的環境。

【青枯病】 棲息在土壤中的病原細菌，會從植物的傷口處等地方侵入植物體內，進行感染。受到感染後症狀會立刻顯現，因爲植物枯萎時的葉子、莖和正常時一樣呈綠色，所以才有「青枯」這個名字的由來。這種疾病特別容易在番茄和茄子等作物間流行，受到感染的作物在天氣好的白天時無精打采，待到陰天或夜晚時又會暫時恢復精神，不斷周而復始。這個疾病的特徵是，當作物不再恢復精神後，莖和葉會蔫掉，直立著枯死。從梅雨季結束開始到夏季是最容易感染的時期。

細菌帶來的病害

軟腐病

感染軟腐病的翠雀屬植物的葉子（左圖）和白菜

青枯病

感染青枯病的菊（左圖）和茄子

細菌帶來的主要病害

作物	主要的疾病
稻米	白葉枯病，稻細菌性穀枯病
麥類	黑節病，大麥穗燒病
馬鈴薯	黑枯病，輪腐病，軟腐病，瘡痂病
豆類	大豆葉燒病，紅豆、菜豆的葉燒病
蔬菜	茄子、番茄、白蘿蔔、菜豆、蠶豆的青枯病，番茄潰瘍病，白菜、白蘿蔔、番茄的軟腐病
果樹	根頭癌腫病，柑橘潰瘍病，桃、杏的細菌性穿孔病，枇杷潰瘍病
草花	菊花青枯病，百合軟腐病，康乃馨萎凋細菌病

病毒帶來的病害

病毒病無法用農藥來防治

病毒比細菌還要微小，大小約在0．02～0．3μm之間。如果不是透過電子顯微鏡的話，用肉眼無法進行觀察。病毒沒有能稱得上細胞的構造，很難將它看作一種生物，但是它會侵入其他生物的體內，然後像生物一樣增生，因此被視作病原體的一種。

不同的病毒對植物採取的感染路徑也不一樣。病毒大部分是經由昆蟲，在吸食遭到感染的植物汁液後進行傳染。或是由植物根部的傷口侵入，也有些透過土壤中的黴〔油壺菌（Olpidium）等〕作爲媒介。有時也會藉由從事農活的人的手（手指）或附著在農業機具上進行感染。

因爲病毒性的病害無法用農藥來防治，因此一旦流行起來，要進行疫情控制相當困難。如何讓蚜蟲等帶原病毒的害蟲不靠近作物，是目前防治病毒的主要方式。

病毒病的症狀五花八門

植物受到病毒感染後，會於短時間內在葉子和花瓣處形成馬賽克狀的斑點，除了造成莖和整體萎縮之外，葉子還會黃化，發生輪紋或長成奇形怪狀，葉子和莖上甚至會產生壞疽，讓植物發育不良。以上這些症狀會因爲病毒和植物的種類而呈現不同的狀況，有時也會有複合型的症狀發生。然而只是透過病徵，無法確定是由哪一種病毒所感染的，因此需要經過正確的診斷來識別病毒的種類。

由病毒帶來的「花葉病」

「花葉病」是病毒感染中最常見的疾病，它會在植物的葉、莖、花、種子、果實以至於全株上，產生濃淡不一的馬賽克狀模樣。引起這種疾病的代表性病毒有「黃瓜花葉病毒（Cucumber mosaic virus）」、「菸草嵌紋病毒（Tobacco mosaic virus）」、「番茄斑點萎凋病毒（Tomato spot wilt virus）」等多種病毒。幾乎所有的蔬菜和花草都會受到感染。

黃瓜花葉病毒會透過蚜蟲來傳播。當蚜蟲吸食了受到感染的植物汁液後，再去吸食其他健康植物的汁液時，就會將病毒帶過去，擴大感染的範圍。遭到感染的植物需要盡快除去並加以焚毀。除了配合防治媒介蟲的措施外，爲了控制疫情使其不再擴大，需要有一套能夠澈底執行的對策才行。

由病毒造成的病害模樣

花葉病

患上花葉病的金盞花（左）和鬱金香

黃瓜花葉病毒

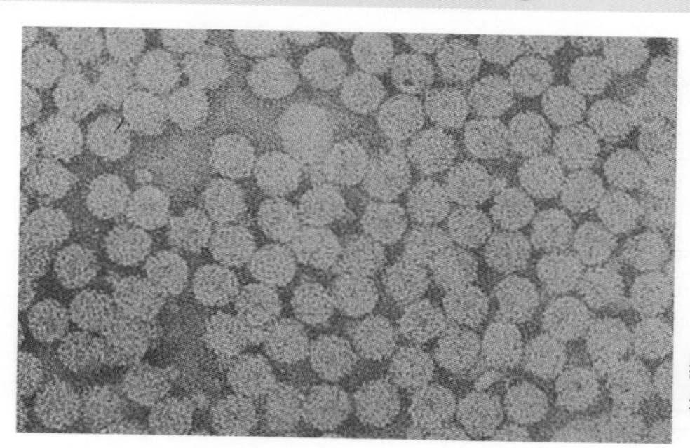

顯微鏡下黃瓜花葉病毒的擴大相片

病毒造成的主要病害

作物	主要的疾病
稻米	萎縮病，縞葉枯病
麥類	黑節病，大麥穗燒病
馬鈴薯	萎縮病，大麥縞萎縮病，斑葉花葉病
豆類	花葉病，葉捲病
蔬菜	茄子、番茄、小黃瓜、白菜的花葉病
果樹	八朔萎縮病，蘋果、無花果的花葉病
草花	百合花葉病，菊花花葉病，鬱金香花葉病

疾病的傳染路徑

病原會從四面八方襲來

病原的感染路徑會因病原的種類不同而有差異，大致可以分爲以下幾類：

【空氣傳染】

空氣傳染是會形成孢子的絲狀眞菌的主要感染路徑。孢子藉著風力飄散在大氣中，待附著於植物上後發生感染。在不同氣候的環境條件下，有些孢子甚至能飛散到數千公里以外的地方。引起銹病、白粉病和稻熱病的病原菌，都是藉由空氣來傳染。

【土壤傳染】

土壤中的病原菌（絲狀眞菌、細菌、病毒）主要會對植物根部造成病害。土壤中有許多微生物，像絲狀眞菌就大量生活在土壤中。它們絕大部分以動植物的遺體等有機物質爲營養源來過活，帶有病原性的只占了全體中的一小部分而已。然而其中還是有極少數會寄生在植物身上而引起病害的微生物存在。在農地上，如果相同的作物進行連作，對於特定作物具有病原性的細菌密度就會提高，這就是發生「連作障礙」的原因之一。

此外，像發生在樹木上的「白紋羽病」等，也是經由土壤傳染而來，這種絲狀眞菌會在土壤中形成耐久體（菌絲塊），存活好幾年。耐久體一般都安靜地待在土壤中，一旦它喜歡的植物的根伸了過來就會展開行動，從根部開始侵入。

【種苗傳染】

種苗傳染是指，潛伏在種子中的病原菌，會透過感染種子、苗木、球根、塊莖等多樣的種苗，讓病毒蔓延到下一個世代。病毒經由球根來傳染是最具代表性的方式，而細菌和絲狀眞菌同樣會利用種苗來傳染。經由馬鈴薯的種薯傳播的「傳染病」，和藉由細菌附著在種皮上發生傳染的「稻馬鹿苗病」等，都是種苗傳染所引發。

【透過媒介生物（昆蟲）傳染】

這種傳染方式是指，當蚜蟲、薊馬、葉蟬等昆蟲，吸食了遭到病毒和植原體通過一般傳染路徑感染的植物汁液以後，再去吸食健康的植物汁液時所形成的病原傳染。

除此之外，像是絲狀眞菌的孢子和細菌，透過雨水和流水的搬運完成傳染的「水媒傳染」，以及人類在從事農活時，藉由手指和農用機具等進行傳染的過程也屬此類。

正如上面所述，病原會透過不同的感染路徑來和自己心儀的植物進行接觸，然後從植物的「表皮」、「氣孔」、「傷口」、「根」等部位侵入植物體內，讓植物發生病害。

經由土壤傳染產生病害的症狀類型

薄壁組織病

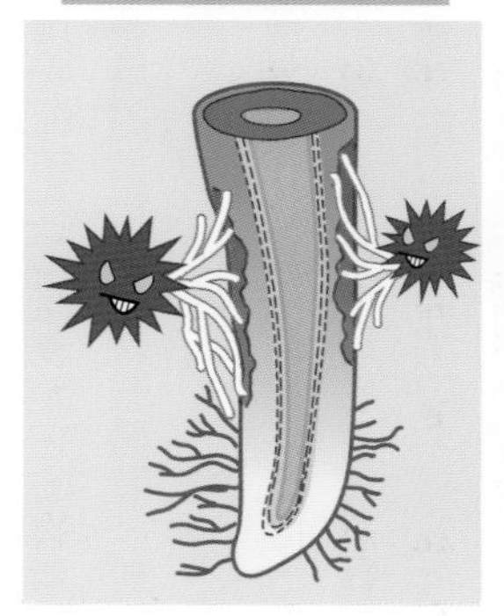

病毒由根的表層侵入薄壁組織使其腐敗的類型。

主要的病害
○軟腐病（細菌）
○馬鈴薯瘡痂病（放線菌）
○根腐病（黴菌）
○小麥立枯病（黴菌）等

導管病

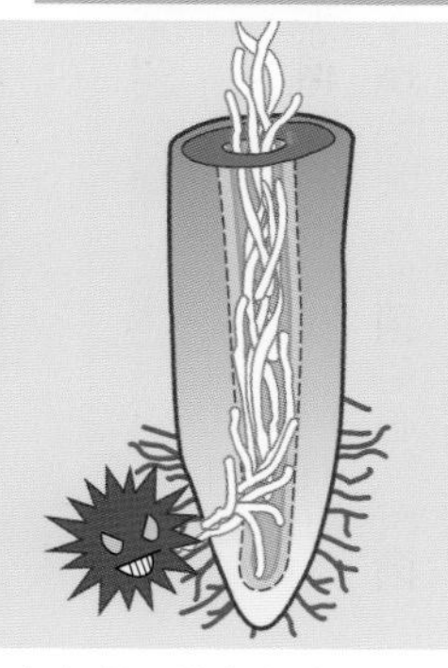

病毒侵入位於根的中心部位的導管後，進行增生的類型。

主要的病害
○青枯病（細菌）
○黃葉病（黴菌）
○菌核病（黴菌）
○萎凋病（黴菌）等

肥大病

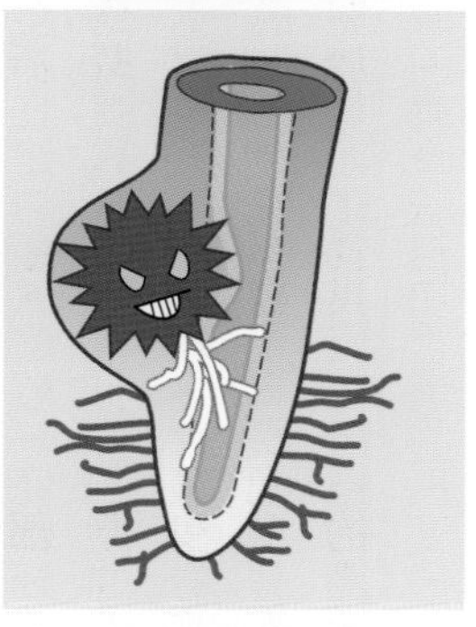

病毒由根的表層入侵後，造成細胞異常膨脹形成瘤狀，壓迫到導管的類型。

主要的病害
○根瘤病（黴菌）
○根頭癌腫病（細菌）等

棲息在土壤中絲狀真菌的生物生命週期

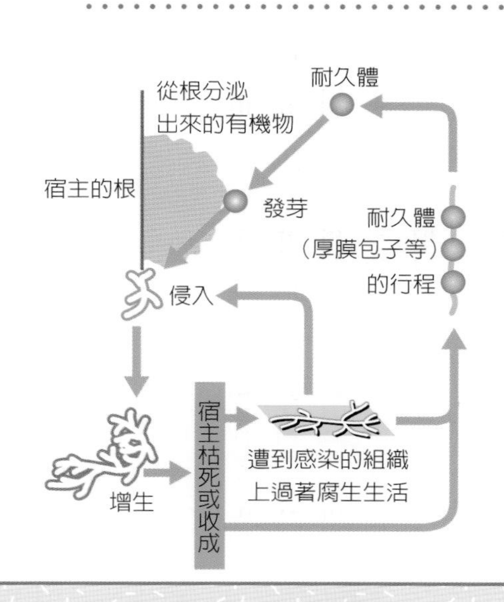

患有白紋羽病奇異果的樹根
○根腐病（黴菌）
○小麥立枯病（黴菌）等

作物基本的病害對策

病害對策的兩個重點

每一種植物都有屬於它的最適成長環境，在理想的環境中栽培的植物往往身強體壯，較少感染病害；在不適合的環境下栽培的植物則容易發育不良，因爲抵抗力較弱，病原菌容易在它身上繁殖（素因）。因此在預防植物的病害時，除了選擇在合適的環境下栽培外，也應該盡量排除病原菌喜歡的條件（誘因，請參考本書第10頁）。接下來針對這兩個重點作說明。

良好的日照、通風和排水缺一不可

大多數的植物在日照良好，光合作用順利進行的情況下會健康的成長。避免過於密集的植栽（密植），在個體和個體間留下適當的距離，再加上適度的修剪和疏伐，就能打造出良好的通風環境。通風好，溼度就低，這樣就可以達到抑制病原菌增殖的效果。

土壤如果排水不佳，會讓植物的根部難以呼吸，除了會造成植物發育不良外，溼度過高的土壤也會成爲病原菌的安樂窩。因此當我們在爲植物澆水時，需要仔細觀察植物當時的發育狀況和土壤的溼度，才能決定適合的水量。另外，如果我們把水直接淋在植物的花和葉片上，可能會讓那些地方成爲絲狀眞菌易於繁殖的場所，因此澆水時盡量把水灑在泥土上是比較好的做法。

避免「連作」，採用「輪作、混作」

所謂的「連作障礙」指的是，如果在一塊土地上連續種植同一種植物或和它相近的品種，土壤中的生態系和養分將遭到破壞，這樣對植物的生長會產生危害，讓植物生病。如果是農作物，其收穫量和品質都會下滑。農人爲了提高作物的生產效率，時常連續種植同一種作物，因此很容易受到連作障礙的影響。當連作障礙發生時，農人必須先弄清楚發生的原因是否和土壤中的養分有關，抑或這是來自於病蟲害的感染，如此一來才能做到對症下藥。

如果問題出在土壤中的養分，農人可以透過施肥或改良土壤來復原土地。但如果問題的原因出在病蟲害，事情就比較棘手了。爲了預防病蟲害的增殖帶來的連作障礙，農人可以嘗試週期性的在農地上栽種幾種不同的作物（這種方式稱作「輪作」），或是將兩種以上的作物，同時栽種在相同的土地裡（這種方式稱作「混作」）。透過這兩種方式，來預防針對個別作物產生危害的特定病原菌增殖。

疾病容易發生的環境

- 沒有透氣性的土壤
- 氮肥過多
- 使用未成熟的堆肥

不進行連作的方法

輪作

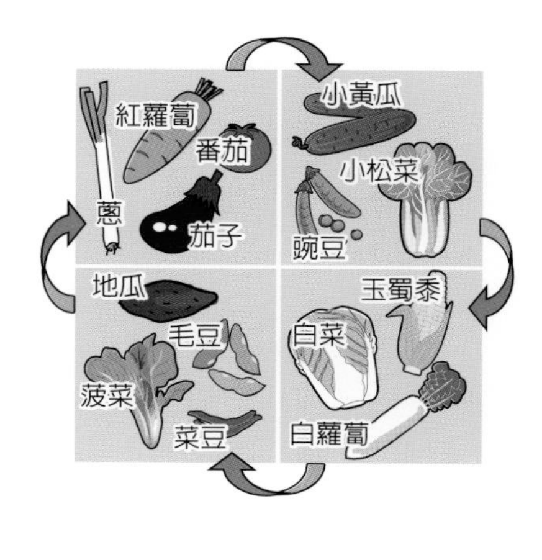

混作

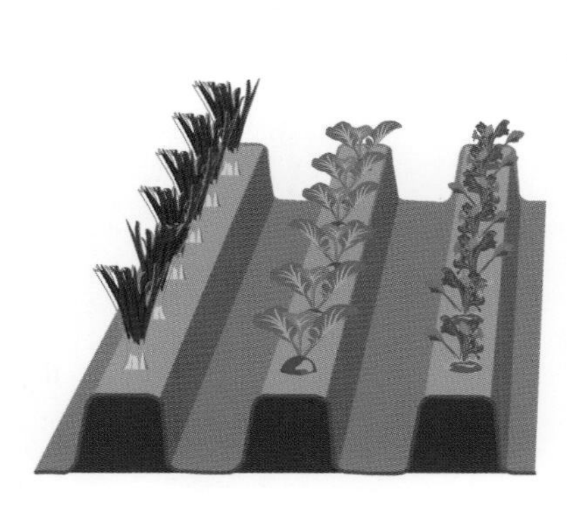

「絲狀眞菌」是一種什麼樣的菌類？

●黴菌和蕈類是近親

在這一章前面已經提過，發生在植物身上的病害約有八成是由絲狀眞菌所感染。「絲狀眞菌」聽起來很陌生，它究竟是一種怎麼樣的菌類呢？正如名字所顯示，它是靠「絲狀的菌絲來生活的微生物」，雖然一般我們都稱它爲「黴菌」，但它的外表和黴菌其實完全不同。「蕈類」也是靠菌絲來生活，所以也是絲狀眞菌的同類。一般我們都稱那些長在樹皮上、從地面上冒出頭來，成傘狀的部位爲蕈類，但其實這是被稱作「子實體」的部位，對其他植物來說是相當於「花」的生殖器官。蕈類的本體是菌絲，菌絲隱藏在樹木中或地底下，不容易用肉眼來觀察。

此外，絲狀眞菌和「酵母」（不會伸長菌絲，以單細胞的方式存在）在分類學上同屬於「眞菌類（菌類）」的範疇。

●黴菌可不全是「壞傢伙」

潛伏在土壤中的絲狀眞菌（黴菌）並不是全部都會對植物造成危害。其實絕大部分的黴菌不但沒有興風作浪，反而過著安穩的生活。黴菌會分解土壤中的有機物，對於物質循環有很大的貢獻。

另外，從土壤中分離出來的黴菌可以用來製作發酵食物（味噌、醬油、酒等）、抗生物質（盤尼西林、頭孢菌素等）、酵素（澱粉酶）、有機酸（檸檬酸等）等，是人類生活中不可或缺的存在。

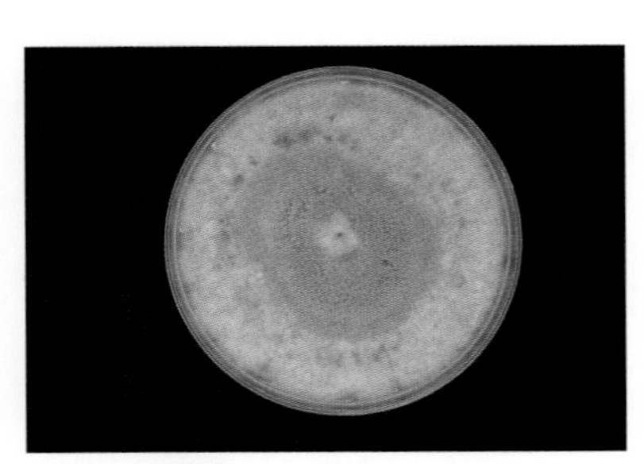

櫻桃灰斑病菌

第4章

認識敵人 ②害蟲

主要的害蟲及加害的類型

找出病蟲害的原因

病蟲害發生在植物體上的原因，除了前面提過的由病原菌（細菌、絲狀眞菌、病毒）帶來的病害之外，還有蟎、線蟲、昆蟲等其他害蟲。如果植物出現枯萎或變色等症狀，我們首先要分辨出發生的原因是由病原菌帶來的、還是由害蟲帶來的，然後針對特定的原因找出對應的處理方式。如果葉子被咬了，我們立刻就知道這是害蟲幹的好事，但是像組織變色或生長發育不良等狀況，也有可能是由害蟲所引起，這點必須特別留意。

刺吸式害蟲和食害性害蟲

有些害蟲像是蟎或線蟲等，用肉眼幾乎無法觀察到，有些（屬於害蟲類）昆蟲的體形則會長到數公分，種類繁多。不同的害蟲喜歡的植物也不一樣。另外害蟲的發生時期和植物的被害部位也會因害蟲的種類而不相同。就算是肉眼看不見的害蟲，我們還是能透過被害的原因，來找出害蟲的種類爲何。

根據對植物造成的傷害方式，害蟲主要可以分爲兩大類。第一類是「吸汁性害蟲」，這類害蟲會吸收植物體內的汁液（養分），對植物造成傷害，蟎類和蚜蟲類都是這類害蟲的代表。這類害蟲因爲多數體型較小，常常到了災害發生之後才被察覺。第二類稱作「食害性害蟲」，像青蟲等會直接啃食植物本體，在植物上挖洞、咬斷植物的類型就屬於這類害蟲。這兩種害蟲一旦大量發生都會對植物造成很大的影響，因此栽培者必須細心觀察害蟲是否存在，以及發生在植物身上的症狀。然而出現在植物上的蟲類，未必就會對該植物造成傷害，爲了避免進行沒有必要的除蟲措施，需要在事前弄清楚害蟲的特性。

依植物的被害部位，可分為三種類型的害蟲

依植物受到害蟲傷害的部位，可將害蟲分爲三類。首先是「造成地上部位傷害的害蟲」，這類害蟲有蚜蟲類和青蟲等，牠們會吸食葉子、芽、新梢、花的汁液，或吃掉這些部位。其次是「造成和地面接觸的地際部位傷害的害蟲」，其中最有名的是名爲根切蟲的黃地老虎的幼蟲，牠們會切斷作物長出地際部位的苗。最後是「造成地下部位傷害的害蟲」，金甲蟲的幼蟲和會在植物根部製作瘤的線蟲（線形動物）都包含在內。

不同作物的主要害蟲及被害區分

作物名稱	害蟲	加害部位	被害類型
稻類	褐飛蝨、白背飛蝨	莖葉	吸汁
	黑尾浮塵子、斑飛蝨	莖葉	傳遞病毒
	二化螟	莖	食入
	瘤野螟（稻縱捲葉野螟）、負泥蟲（稻負泥蟲）	葉	食害
	水稻水象鼻蟲	葉、根	食害
	椿象類	穗	吸汁、發生斑點米
大豆	白緣螟蛾、大豆食心蟲、大豆莢癭也蠅	子實	食入
	椿象類	子實	吸汁
	斜紋夜盜蟲	葉、根	食害
	大豆異皮線蟲	根	吸汁
馬鈴薯	茄二十八星瓢蟲	葉	食害
	馬鈴薯蠹蛾	葉、地下莖	食害、食入
	蚜蟲類	莖葉	吸汁、傳遞病毒
	黃金線蟲	根	吸汁
番薯	基白夜蛾、甘薯麥蛾	葉	食害
	古銅異麗金龜	根	食害
	甘藷根瘤線蟲	根	吸汁
	甘藷象鼻蟲	地下根	食害
小黃瓜	蚜蟲類、溫室粉蝨、菸草粉蝨、二斑葉蟎	莖葉	吸汁
	根瘤線蟲類	根	吸汁
番茄	番茄夜蛾	果實	食害
	葉蟎	葉	吸汁
	茄二十八星瓢蟲	葉、果實	食害
	蚜蟲類	葉、果實	吸汁
高麗菜	小菜蛾白粉蝶、甘藍夜蛾	葉	食害
	小地老虎、黃地老虎	莖	切斷
	蚜蟲類	莖葉	吸汁
菊	中金翅夜蛾	葉	食害
	菊花葉芽線蟲	葉	枯葉
	非洲菊斑潛蠅	葉	潛入

依植物的被害部位分類

地上部位

遭到甘藍夜蛾啃食的高麗菜（食害性）

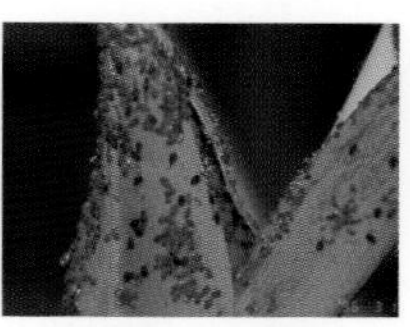

地上部位

集團寄生在鬱金香莖上的蚜蟲（吸汁性）

地際部位

地際部遭到根切蟲侵襲的牛蒡

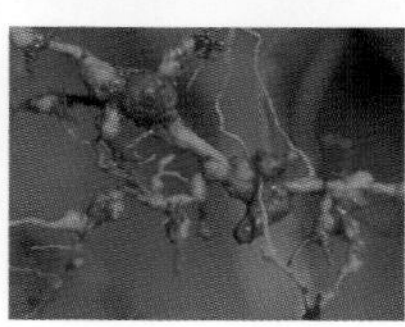

地下部位

遭到根瘤線蟲傷害的桃樹根（吸汁性）

攝影：（一社）日本植物防疫協會

昆蟲的種類和危害

主要的害蟲種類

這裡來介紹會危害植物的代表性害蟲。

【薊馬類】 成蟲的體長約在1～2㎜左右，用肉眼很難發現。較為人所知的是南黃薊馬、蜜柑黃薊馬等危害蔬菜的害蟲。不管是幼蟲或成蟲，都會在植物的葉或莖等柔軟的部位削出個口來吸取汁液。遭到吸食汁液後的葉子會褪色，產生白色的斑點最終落葉。薊馬類還是最具代表性的「番茄黃化壞疽病」的病毒媒介者，染上這種疾病的番茄葉子上會發生褐色的斑點，受害顯而易見。

【椿象類】 椿象的種類相當繁多，光是棲息在日本的就有一千種以上。雖然身體的顏色和大小（5～20㎜）各不相同，但接近五角形的體型是牠們共同的特色。成蟲會成群結隊的侵襲莊稼，防治上並不容易。椿象的另一個特徵是，當牠受到外敵侵襲時會釋放出惡臭。因為牠會寄生在稻作上吸取汁液，細菌容易從吸汁痕的部位入侵到植物體內，是稻作發生變色米的原因之一。

【蚜蟲類】 成蟲的體長約在2～4㎜之間，分類學上雖然是椿象類的近親，但卻不會飛行和彈跳。會以集團的方式吸食葉和莖的養分，阻礙植物的生長。大多數的蚜蟲類都是嵌紋病毒等病毒疾病的傳播者。

【蝶類】 蝶類的幼蟲有鳳蝶、白粉蝶（青蟲）等芋蟲類，以及黃刺蛾、毒蛾等毛蟲類。幼蟲的體表上無毛者總稱為「芋蟲類」，有毛者總稱為「毛蟲類」，牠們都屬於會啃食葉和花的「食害性害蟲」。蝶類的幼蟲大多集團生活在一起，在防治上要將切除下來的葉和枝做妥善的處理。

【蝗蟲類】 負蝗為此類最具有代表性的害蟲，雄蟲會像小孩一樣附著在雌蟲身上是主要的特徵。負蝗也是「食害性害蟲」的一種，牠會對許多蔬菜和草花帶來危害，特別喜食菊科和唇形科（紫蘇）的作物。

【甲蟲類】 天牛類、金甲蟲類和金花蟲類等都是耳熟能詳的害蟲。金甲蟲類的成蟲會吃掉植物地上部的葉和花等部位，幼蟲則會摧殘植物的根部，再加上牠的成蟲還會飛行，是一種相當難纏的害蟲。病原容易從甲蟲類的幼蟲在番薯等作物上的食痕處發生感染。

【粉蝨類】 粉蝨類有溫室粉蝨和菸草粉蝨兩種，幼蟲大小在1㎜以下。除了會從植物的葉子吸取養分之外，牠的排泄物還是黑煤病發生的原因。成蟲的大小約在1㎜左右，身體呈黃色帶有白色的翅膀。

主要的害蟲

薊馬類

南黃薊馬的二齡幼蟲（左）和雌性成蟲

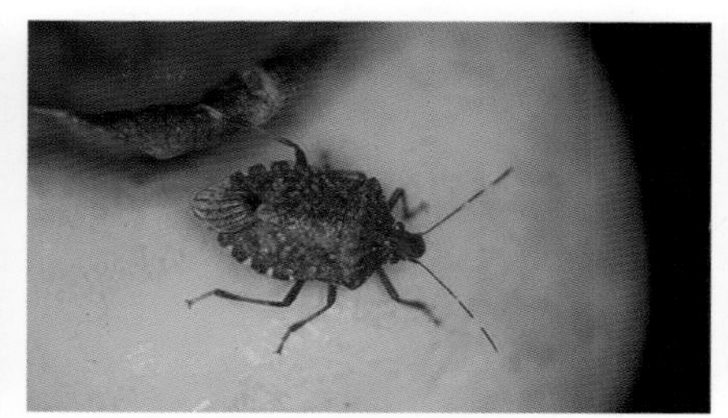

椿象類

茶翅蝽

牙蟲類

寄生在百合花苞上的綿蚜

蝶類

附著在葉牡丹上白粉蝶的卵

蝗蟲類

正在吃鞘蕊屬植物的負蝗

甲蟲類

啃食草莓根部的金甲蟲幼蟲

粉蝨類

寄生在茄子葉上的溫室粉蝨成蟲

蟎的種類和危害

蟎的生態與型態

蟎類和昆蟲一樣都屬於節肢動物門，是屬於蜘蛛綱絨蟎目的無脊椎動物。身長比昆蟲小很多幾乎都在1㎜以下，用肉眼很難觀察。身體分爲前體部（頭胸部）和後體部（腹部）兩個部位，基本上有四對腳、沒有翅膀。蟎類的幼蟲和成蟲長得很相似，因爲沒有經過蛹的階段，牠的生命週期近似於昆蟲的「不完全變態」。危害植物的蟎類會從葉子等地方吸食養分，是對植物造成傷害的「吸汁性害蟲」。

蟎類害蟲的主要種類

以下來介紹植物蟎類害蟲的代表。

【葉蟎類】體長大約0.5㎜，主要寄生在植物葉子的背面吸取養分，受害的地方會變色形成白色斑點狀。如果狀態越來越嚴重，葉片全體會變黃，最後造成草花和蔬菜類掉葉。蟎類是蜘蛛的近親，數量增多時會產生像蜘蛛網一樣的白線，結成一張網。因爲從卵到成蟲的時間只要十天，繁殖的速度相當快，在短期之內就會造成災情擴大。容易發生在蔬菜和草花上的神澤氏葉蟎和二斑葉蟎，以及發生在柑橘和梨上的蜜柑葉蟎等，都是會危害植物的代表性葉蟎類害蟲。

【塵蟎類】體長比葉蟎還小，約爲0.25㎜，呈卵形。因爲體型過小，肉眼不容易觀察，往往都是等到災情擴大時才會注意到。細蟎喜歡高溫多溼的環境，尤其在夏天時特別容易發生。牠會吸食植物的新芽、新葉、花蕾等柔軟部位的汁液，讓受害部位萎縮變形。近來最讓人傷腦筋的，當屬會侵襲仙客來的仙客來蟎以及茶細蟎。

【銹蟎（節蜱科）類】銹蟎類體型非常微小，約在0.2㎜左右。普通蟎類有四對腳（八隻腳），但銹蟎類則只有兩對（四隻腳）。依據植物的不同，寄生在上面的銹蟎種類也不一樣。雖然每種銹蟎都會帶來不同的固有症狀，但一般來說都會在葉子或果實的表皮上發生狀似生銹的褐色變色，待這些部位變硬之後會停止成長。

銹蟎主要寄生在蔬菜上，但也有鬱金香銹蟎和番茄銹蟎，以及寄生在柑橘類果實上的柑橘銹蟎，寄生在菊花上的菊紋銹蟎。除此之外還有葡萄銹蟎、無花果銹蟎等，根據不同的植物，存在著不同種類的銹蟎。

因爲銹蟎無法用肉眼確認，因此必須透過觀察植物的種類和受害部位固有的症狀，來推知病蟲害的原因是否爲蟎類所造成的。

葉蟎類的發生生態

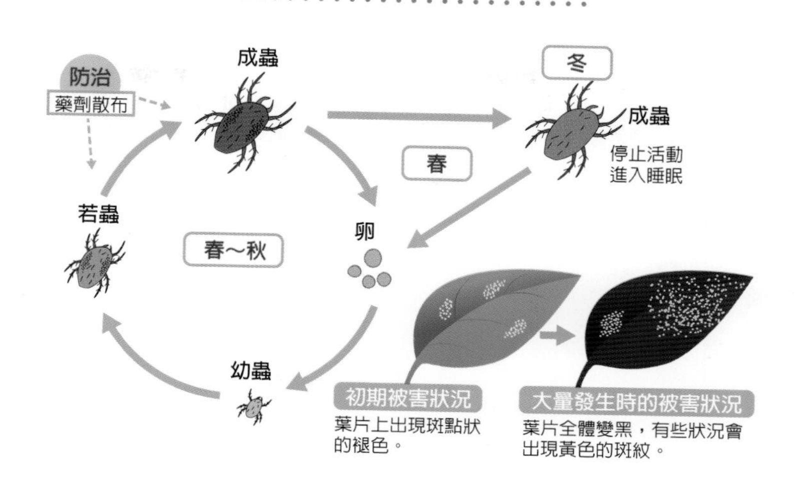

作為害蟲的主要蟎類

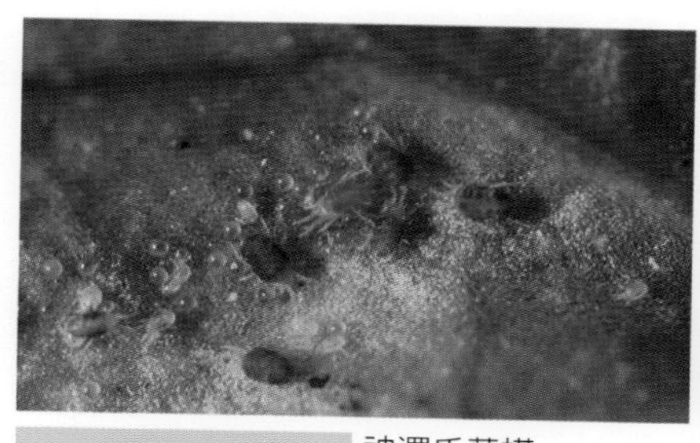

葉蟎類

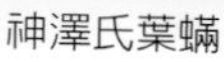
神澤氏葉蟎

細蟎類

寄生在仙客來的細蟎

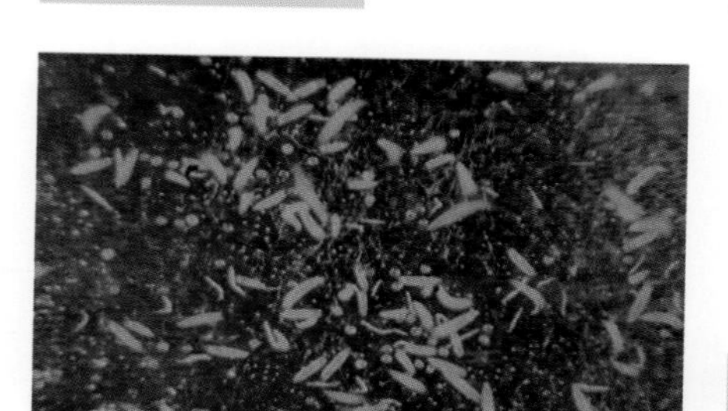

銹蟎類

在花瓣內表面繁殖的鬱金香銹蟎

線蟲的種類和危害

線蟲防治的基本在「預防」

線蟲是線蟲動物門的無脊椎動物，體長約爲1㎜，牠的體型成絲狀，和蛇類一樣彎曲自己的身體來移動。線蟲大部分爲無色透明，是一種很難發現的害蟲。因爲主要生活在土壤裡，線蟲從植物的根部吸取養分，對植物造成傷害，其中有些甚至還會侵入根部的組織裡。因爲僅從植物的地上部很難察覺線蟲帶來的災害，往往都是作物在收成時，才會發現遭到線蟲的侵襲。線蟲帶來的症狀，和被病原菌感染產生的「枯萎」和「青枯」很相似。田裡只要發生一次有害線蟲的侵害，想要利用農藥來達到根治相當困難。很多時候被線蟲汙染過的苗和種芋也會造成災情擴大，線蟲眞不愧是相當棘手的害蟲。防治線蟲的基本不在驅除，而是將重點放在如何不讓牠發生的預防上。

防範線蟲的發生

如果在相同的土地上連續種植同一種作物（連作），寄生在該作物上的線蟲數量就會持續增加，因此必須採取週期性改變作物種類（輪作）的對策。這種情況下，若能間作些「拮抗植物」的話，可以收到很不錯的效果。例如已經有很多人知道，萬壽菊和燕麥能降低線蟲的密度。

害蟲類線蟲的主要種類

【根瘤線蟲】 該種線蟲會在植物的根上製作瘤狀物，損害根部的機能，會發生在小黃瓜、番茄、紅蘿蔔、番薯上。其中又以甘藷根瘤線蟲最具代表性，牠也會爲害多種蔬菜和草花。當發現根瘤形成或葉子枯萎時，要採取應對措施往往爲時已晚，就算把植株都清除了，線蟲還是會殘存在土壤中。

【根腐線蟲】 根腐線蟲雖然和根瘤線蟲一樣都生活在土壤中，但是牠不會製作瘤狀物，而是在根的組織內和土壤中移動。一旦植物被該線蟲寄生後，根部就會開始腐爛。根腐線蟲經常對牛蒡、紅蘿蔔、白蘿蔔等根菜類的根部造成危害，同時也會寄生在其他蔬菜上。

【胞囊線蟲】 胞囊線蟲會寄生在植物的根上並製作瘤狀物。種類有發生在茄科植物上的馬鈴薯胞囊線蟲和發生在豆科上的大豆胞囊線蟲。

線蟲的狀態

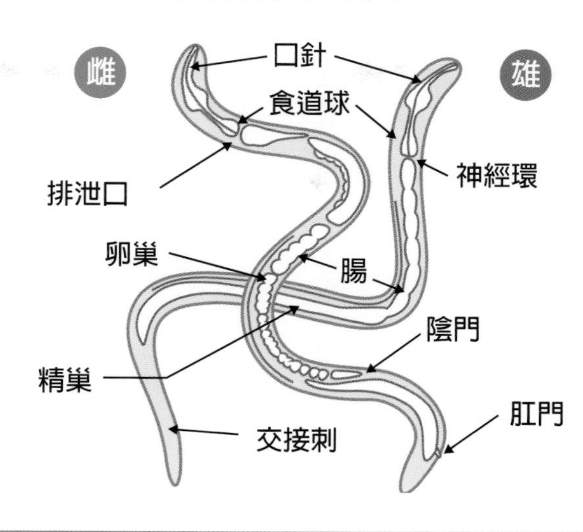

根腐線蟲

細螨類

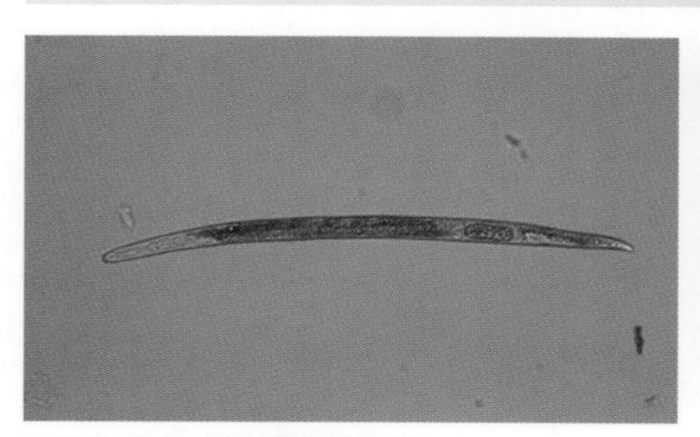
菊花根腐線蟲的顯微鏡相片

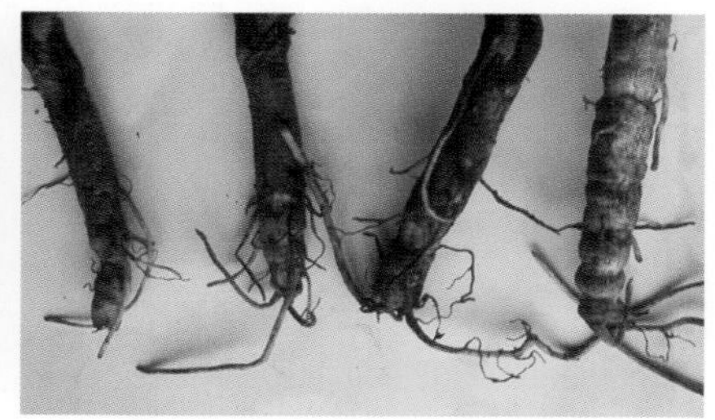
受到根腐線蟲蟲害的牛蒡

根瘤線蟲

受到根瘤線蟲為害的西瓜根部

防治害蟲的基本

防治害蟲的基本來自每日的觀察

防治害蟲時最重要的是預防。從栽培工作一開始，打造一個讓害蟲不會靠近的環境，是防治害蟲的基本。然而一旦田地遭到害蟲入侵，常常在還沒有注意到病害發生時，災情就已經擴大了。因此在平日就應該仔細觀察害蟲的存在（成體、幼蟲、蛹、卵）和植物生長過程中的異常變化，盡可能在早期就採取對應的措施。利用放大鏡可以在早期發現極小的害蟲和蟲卵，相當有幫助。

打造一個讓害蟲不會靠近的栽培環境

想要創造一個害蟲不會靠近的栽培環境，首先要有充足的陽光和良好的通風。植物如果能健康的成長，就算稍微受到害蟲的攻擊，自體也會有抵抗和排除害蟲的能力。同時也別忘了要在田地周邊的雜草長起來之前，經常進行除草工作。雜草不但會搶奪植物的養分、水分和日照，有時還會爲害蟲提供一個舒適的家。

不希望害蟲直接入侵到田地裡的話，使用具有高度防蟲效果的設備也是很好的方法。防蟲網、紗網、農用塑膠膜等，都可以用來防止害蟲入侵，在抑制雜草生長上也有效果。

利用害蟲的天敵來減少害蟲的數量也是個不錯的方式。例如瓢蟲會捕食蚜蟲，如果我們在田間保護瓢蟲，增加牠們的數量，從結果來看蚜蟲的數量也會減少。這種不依賴農藥的害蟲防治法近年特別受到矚目。

蟲害發生時採取的對策

如果蟲害發生了，當還在初期階段時，我們可以直接捕捉害蟲，然後用腳踩等方式消滅牠們。有些害蟲會分泌出傷害人體的物質，這時可以戴上手套和口罩之後再來處理，不要用手直接碰觸。最後將被感染的葉或莖完整切除後裝進袋子裡處理掉。

假如害蟲的危害已經擴大到無法單靠個人的力量進行清除作業時，就必須考慮噴灑殺蟲劑了。然而如果重複使用某一種殺蟲劑，可能會產生抵抗性害蟲，害蟲的天敵也可能成爲農藥的受害者，如此一來反而會產生反效果，因此如何適當的使用殺蟲劑相當重要。

用心打造一個讓害蟲不會靠近的栽培環境

扁蒲和蔥的混植，不但可以形成蚜蟲的障壁，還能防範扁蒲的黃葉病

使用紗網等物理性的蟲害防治

調查害蟲發生狀況的方法

●首先進行直接觀察

直接用肉眼進行害蟲觀察是最簡單，卻也是最重要的第一步工作。當我們進行觀察時，理想的情況莫過於一眼就能揪出害蟲來，在植物體表上較大型的害蟲，只需用眼睛或放大鏡就能確認了。可是當我們找不到害蟲時，就要花點心思來尋找牠們留下的痕跡，例如「啃食過植物後留下的痕跡」。葉子上的洞或變色，很有可能就是害蟲留下來的痕跡。此外害蟲的糞便也能成爲觀察上重要的線索。

如果發現了害蟲存在的痕跡卻找不到害蟲時，可以試著搖晃、拍打植物，或用捕蟲網來撈撈看，使用強制讓害蟲離開植物的方式讓牠們現形。

●用來調查發生狀況的工具

有些方便的工具可以幫忙我們調查害蟲的種類和發生的程度，利用這些工具來進行害蟲的調查也是不錯的選擇。

例如在調查稻作的害蟲時，「蟲見板」就是得力的幫手。它的使用方法很簡單，正如下圖所示，將這張薄薄的塑膠板子靠在稻子的根部，從相反方向搖晃稻子，接下來對落在板子上的昆蟲種類和數量進行分析就可以了。「蟲見板」是在1978年時，由農人宇根豐先生所構想出來的，之後普及於日本全國。

此外，還有利用害蟲的行動特性所開發出來的「費洛蒙誘蟲器」。許多雌性昆蟲都會分泌性費洛蒙吸引雄性，來完成傳宗接代的任務。將性費洛蒙以人工的方式合成製作，然後將它放進誘蟲器（trap）內，「費洛蒙誘蟲器」就完成了。透過計算誘蟲器中被吸引過來的雄蟲數量，可以預測害蟲的發生狀況。

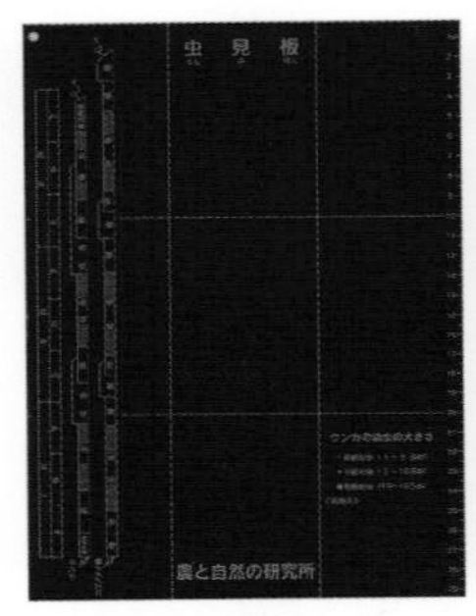

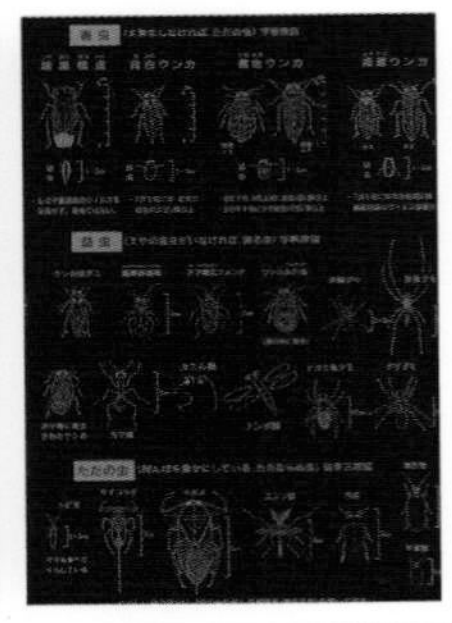

蟲見板

第 5 章

作物健全生長發育的後盾——肥培管理

調整到合適的土壤酸鹼度（pH）

透過測定pH值幫土壤作健康檢查

爲了讓栽培作物能夠健康的成長，我們必須爲植物的成長過程中不可或缺的土壤進行健康檢查，而土壤酸鹼度（pH）的測定，是檢查中不可或缺的一項。pH值的數值由0～14來表示，當數值爲7時是中性，小於7是酸性，大於7則爲鹼性。

在多雨的日本，大部分的土地爲酸性土壤，自然的情況下pH值約在4.5～5.5之間。

日本國內適合栽種作物的土壤pH值約在5.5～6.5之間，在設定上偏酸性。因爲日本的土壤容易偏向酸性，因此在選擇種植的作物時，也會挑選適合這種環境的種類。但是當pH值降到5.5以下成爲酸性土壤時，就會引起許多問題。

酸性土壤中發生的生理障礙

在酸性的土壤中，作物容易發生以下幾種障礙。

①土壤中的黏土會溶出鋁離子，造成作物的根部受損。

②溶出的鋁離子和磷酸離子結合之後會產生難溶性，造成作物的根部無法吸收磷酸。

③土壤中的鐵、錳、鎂、鈣等無機成分會被酸性溶出，隨著降雨從土壤中流出去，讓土壤中缺乏這些必要元素。

④在酸性較強的土壤中，微生物的活性降低，因此透過微生物分解有機物產生的氮等養分也會變少。

以上這幾點都會對根的發育帶來不良的影響，造成土壤病害的發生。

土壤病害發生的誘因

土壤酸度的強弱和土壤病害發生的原因相互關聯。

◎酸性土壤中容易發生的疾病（pH值在7以上則抑制發生）：根瘤病（高麗菜、小松菜等）、番茄萎凋病（造成根部枯萎）、落花生白絹病（侵害地際部）。

◎鹼性土壤中容易發生的疾病（酸性土壤中較少發生）：馬鈴薯瘡痂病、番薯立枯病（透過放線菌感染）、萵苣巨脈病、甜菜叢根病（透過土壤傳染性病毒傳染）。

田地裡的pH值需要定期測量，當數值降到5.5以下的酸性時，就需要使用石灰等來作調整。但是如果石灰使用過量，土壤又會過於鹼性，這樣一來植物的根部就不易吸收土裡的鎂和鐵等元素，因此在使用石灰時，確認土壤的酸鹼平衡相當重要。

pH值和營養肥料的溶解性（溶解方式）

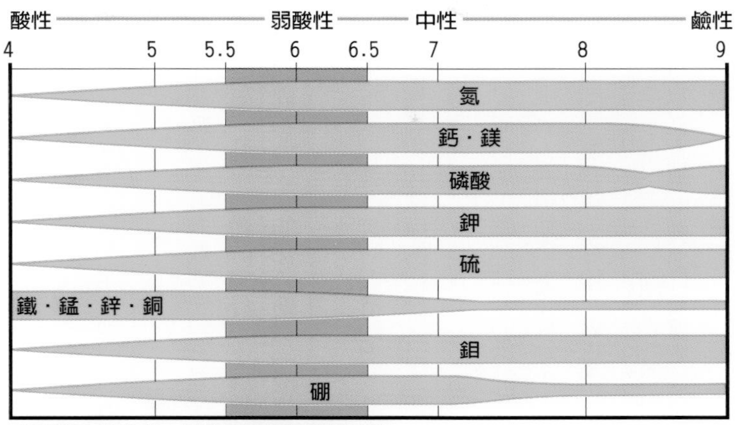

範圍越寬的部分，養分越容易被植物吸收。
色的部分適合大多數的植物。

酸性土壤中容易發生的疾病

高麗菜的根瘤病

鹼性土壤中容易發生的疾病

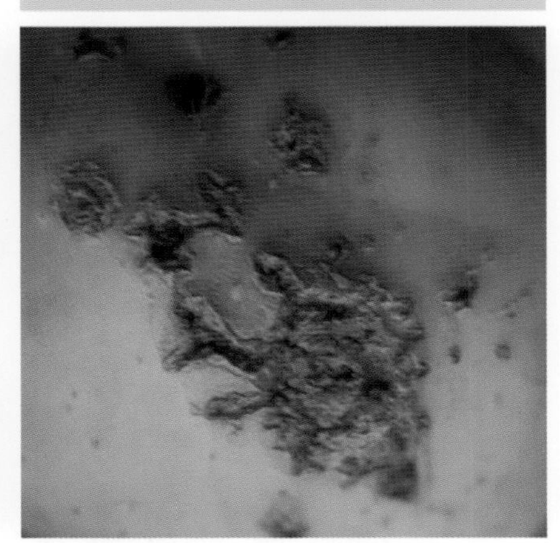

馬鈴薯瘡痂病

讓土壤保持良好的通氣性和保水性

讓土、水、空氣取得平衡

作物對於病蟲害抵抗能力下降的最主要原因，被認爲是根部生長不良、根部活力降低所致。

土壤管理的重點在於，土壤環境要能提供適量的空氣（氧），以及水分和營養，使作物的根部能健全的伸長。

農耕地的土壤是由礦物粒子、土壤有機質等大小不同的粒子所組成的多孔質物質，這些粒子之間的孔隙可以保有水和空氣。其中固體的部分（土壤粒子、動植物分解物）稱作「固相」，水的部分稱爲「液相」，空氣的部分稱爲「氣相」。

三相分布（三者占有的容積比例）是土壤的硬度、通氣性和保水性等物理狀態的指標，這三相和作物的生長有著密不可分的關係。

固相支撐著根部，調節養分的供給。

氣相提供氧，液相輸送水和養分。

三相之間平衡關係的好壞，對作物（尤其是根部）的生長會帶來巨大的影響。三相分布的比例是否維持在良好的狀態，可以從土壤的通氣性及保水性反映出來，並且和植物病害的發生互相關聯。

排水（通氣性）不佳的土地，是作物根部腐爛和疾病發生的原因。在容易缺水、保水力不好的土地上，有益微生物和蚯蚓等小動物的數量較少，同樣也容易發生病害。

利用「團粒結構」創造適度的孔隙

適合作物栽培的土壤，除了要能夠從降雨中保留所需的水分，也需要具備適度的排水功能。除此之外還要能對根部提供充分的氧氣。

若想讓土壤中保有適度的孔隙，就必須提高「團粒結構」。所謂的團粒結構指的是土壤粒子（黏土和腐植）結合後形成的集合體，這些集合體之間會進一步結合成更大的集合體。

良質有機物能促進團粒化

土壤團粒化之後，土壤中的孔隙就會增加，這樣不但能讓通氣性變好，團粒間細微的孔隙中含有的水分也能提高土壤的保水性。土壤的團粒化對作物的生長，特別是根部的生長帶來很大的影響。

將單粒結構轉變爲團粒結構的關鍵在於有機物的導入。需要特別注意的是，不能使用未成熟的有機物，原則上必須使用完全腐熟的堆肥或有機物才可以。

三相分布的理想比例

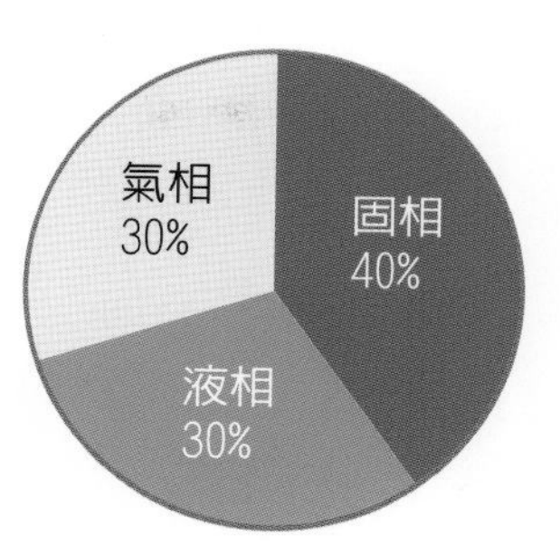

固相	土壤性質
50% 以上	過硬
40% 前後	良好
30% 前後	過軟

在團粒狀況良好的田地裡，田地的土表呈現這樣的比例就算健全。唯氣相和液相的比例會因乾燥的程度而改變。

團粒結構和單粒結構

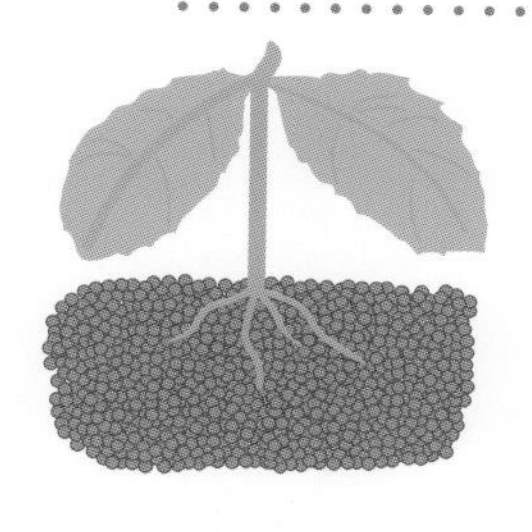

團粒構造的土壤（右）在保水性及通氣上較佳，根部的發展也比較好

團粒結構的構造

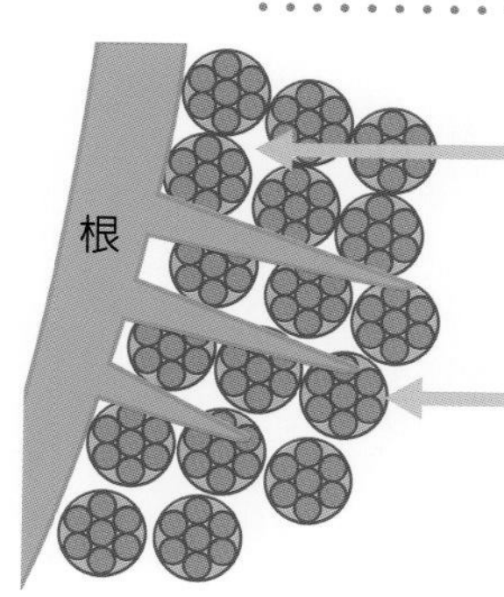

大小孔隙間可以留住空氣和水分

提供適量的必須肥料養分

多量元素：肥料的六元素

在植物的成長過程中，有九種不可或缺、需求量大的必要要素（請見下一頁）。其中碳（C）、氫（H）、氧（O）可以從空氣和水中得到，剩下的六種要素如果不足的話，必要時可以使用肥料來作補充。其中氮（N）、磷酸（P）、鉀（K）的施用效果明顯，被稱作「肥料的三要素」。此外「中量要素」的鈣（Ca）、鎂（Mg）、硫（S）也是缺一不可。植物的營養狀態（養分過量或不足）和對疾病的抵抗性關係緊密，同時，理解六種要素與作爲健全生育根基的根部生長之關聯性也相當重要。

六種要素和根部發展：病害抵抗性

【氮（N）】 氮是作物成長過程中最具影響力的養分，它能讓莖葉伸長、葉色變濃，又被稱作「葉肥」。但是如果給太多，作物會變軟弱，反而助長病蟲害的發生（和病害抵抗性相關的苯酚化合物減少，木質素的含有量下降）。

【磷酸（P）】 磷酸是能促進開花、結果的「果肥」。當作基肥使用時，以磷酸爲主體配合少量的氮可以促進根部的優先成長。磷酸在作物發育初期是「起動者」作用的重要養分。

【鉀（K）】 鉀是促進根部發育、強壯的「根肥」，能爲作物帶來面對疾病和寒冷的抵抗力。如果植物體內有足量的鉀，就能提高增強耐菌性的精胺酸（arginine）濃度。

【鈣（Ca）】 鈣是植物分裂組織中不可或缺的成分，擁有讓根部尖端正常發育的功能，還能促進根的伸長。如果植物體內的鈣濃度高，可以強化細胞壁的構造，並且達到抑制軟化植物組織的果膠（pectin）分解酵素（由入侵植物的微生物所分泌）活動的作用。

【鎂（Mg）】 鎂也是一種根肥，和鉀一樣，如果植物缺乏鎂的話對根的發育也會帶來不良的影響（因爲會降低碳水化合物從葉子至根部的轉流）。鎂也是構成葉綠素的成分，能夠抑制活性氧的毒素（缺乏鎂所發生的葉子黃化，就是活性氧帶來的危害）。

【硫（S）】 作物對硫的需求和磷酸一樣大量。一旦硫不足，作物就會變得軟弱容易生病。硫不足的症狀和氮不足時相似，葉子都會呈淡黃色，並從下方的葉子開始發生。

要注意不同元素間的拮抗作用

如果施用過多的鉀，就會造成鎂和鈣在吸收上受到阻礙。如果施用過多的鈣，鎂、鉀、磷酸的吸收則會受到妨礙。如果是磷酸過多的話，鋅（Zn）和鐵（Fe）的吸收會受到抑制。

多量元素與生理作用

多量元素

六種多量元素在植物體內的作用

N	氮	蛋白質、胺基酸、葉綠素、酵素的構成成分，能夠促進根的發育和莖葉的伸長，順利進行養分的吸收同化。
P	磷酸	執行呼吸作用和體內能量傳達的重要工作。能促進植物成長、分櫱、根的伸長、開花、結果。
K	鉀	關係到光合作用以及碳水化合物的移動和累積。在硝酸的吸收和蛋白質合成上起到作用。促進開花、結果，加強根莖的強度。
Ca	鈣（石灰）	能夠中和植物體內過剩的有機酸。強化細胞膜和耐病性，促進根部的發育。
Mg	鎂（苦土）	葉綠素的成分。和磷酸的吸收以及體內的移動有關。參與碳水化合物代謝以及磷酸代謝的酵素的活化。
S	硫	能夠製造蛋白質胺基酸維他命等重要化合物。和碳水化合物的代謝及葉綠素的生成有間接的關係。

植物病害的發生和缺乏微量元素也有關係

鹼性化是微量元素缺乏的誘因

一般來說，植物如果欠缺必要的養分，對於感染性病害的感受性（發病性）就會提高。對於植物來說，不可或缺的元素除了前一節提到的多量元素外，還有八種微量元素（請見下一頁）。

其中硼和錳最爲匱乏，這兩者之外的微量元素都可以從土壤中得到天然的供給。因此作爲「普通肥料」而有公定規格的，只有硼肥、錳肥以及含有硼、錳、鋅等微量元素的複合肥料這三種而已。

土壤中肥料濃度的提高以及所反映出來的pH值上升（鹼性化），都是現今不論是何種微量元素缺乏的要因。

缺乏微量元素所引發的病害案例

缺乏微量元素所引發的病害，其主要原因有①細胞組織軟化，容易遭到破壞，以及②抵抗病原菌防禦物質的生成機能衰退。

如果缺乏硼素或鋅，細胞膜的透過性就會提高，讓胺基酸和醣類這些養分從根和葉等部位向外滲出，引來多種不同的病原體，容易發生感染。根圈環境中如果有許多滲出的養分，也會誘發土壤傳染性病原菌的發生。

缺乏硼素的植物，細胞內的成分容易從葉子的表皮流出，會助長白粉病等感染和增殖。並減少防禦物質木質素的合成。

缺乏鋅會讓植物容易受到立枯病菌等病原菌的感染，導致整株苗枯死。在北海道十勝地區（褐色火山性土）和上川地區（褐色森林土）的玉米及紅豆作物上，可以發現缺乏鋅的狀況。

缺乏錳是導致穀類植物（禾本科、豆科）的立枯病、茄科蔬菜的半身萎凋病以及水稻的稻熱病等多種疾病發生的因素。缺少錳的作物，合成木質素的能力低弱，較無法抵抗病害的侵犯。

對特定作物有益的「有用元素」

下一頁出現的「有用元素」指的是，雖然並非絕對必要，但「有利於特定作物成長的元素」。

矽（Si）大量存在於土壤裡，禾本科作物中的含有量尤其豐富，它能讓莖葉健康成長的功效有目共睹。有許多報告指出，缺乏矽的稻作容易感染稻熱病。此外，微量元素鈉（Na）對甜菜、鈷（Co）和硒（Se）對豆科作物的成長也有益。

微量元素與生理作用

微量元素

八種微量元素在植物體內的功效

Fe	鐵	與合成葉綠素的前驅物有關，是光合作用化學反應相關酵素的構成成分。土壤中含有大量的鐵，鹼性化的土地無法供給。
Mn	錳	在形成葉綠素、光合作用和酵素活性化等生理活動上起作用。土壤鹼性化後將無法供給。酸性土壤中則會發生過量的情形。
Zn	鋅	調節葉綠素的形成和植物荷爾蒙，和生物體內酵素的活性有關。細胞分裂時不可或缺的元素。鋅不足會阻礙蛋白質的合成。
Cu	銅	葉綠體中的酵素蛋白質含有許多銅，在光合作用和呼吸上起到重要的功效。缺銅容易導致新葉黃化、生長停止和不稔發生。
Cl	氯	和錳同為光合作用中氧發生反應的觸媒。氯是植物體內含量最高的微量元素。施用氯可以增加植物的纖維質。
Mo	鉬	植物體內硝酸還原酵素的構成成分，在硝酸態氮蛋白質同化上起到重要的作用。在固定根粒菌的氮上也不可或缺。
Ni	鎳	是構成植物體內產生的尿素分解酵素（脲酶）的重要成分。脲酶的作用和蛋白質的合成有關。
B	硼	和鈣類似，在細胞膜的成形和維持上發揮功效。缺乏硼會讓植物的根部伸長受阻，細根減少，讓植物體發生矮化的症狀。

通過安定肥效增強病害的抵抗力

肥料不足和生長勢低下都會招來病害

要讓作物擁有抵抗害蟲的堅強體魄，最重要的是藉助安定的肥效（養分供給）來維持抵抗力。當肥料突然失效或不足時，作物就容易受到病蟲害的侵襲。

例如十字花科的葉菜類在肥料不足時，葉子就會變硬、老化，耐寒性也會下降，容易罹患疾病。此外，茄科的果菜類在樹勢虛弱時，容易染上葉黴病和灰黴病，此時如何維持樹勢生長會是最重要的防治對策。

另外稻熱病容易在氮（N）過多的時候發生。掌握不會讓肥料發生不足且恰到好處的肥效來培育具有抵抗力的植物，是肥培管理的重點。

蔬菜與肥效的三種類型

想有效的使用肥料，就要知道如何配合蔬菜的類型。生長前期上揚型的作物生長期間較短，分爲收穫莖葉（菠菜和茼苣等）以及先長莖葉之後地下部的塊莖才會肥大（例如番薯和馬鈴薯）等兩種類型。

這類蔬菜以基肥爲主體，後半生長期時施肥要注意，不要延遲氮肥的功效。

穩定型的作物有茄子、小黃瓜等果菜類，以及毛豆和蔥等。穩定型分爲莖葉在生長時即可同時收獲的蔬菜，以及到收穫爲止生長期間較長的蔬菜。這種類型的蔬菜不論是基肥或追肥在用量上都要多一些。

生長後期上揚型有藤蔓容易亂長的西瓜、香瓜，以及葉子容易生長過茂的牛蒡和白蘿蔔等作物。基肥可以少用些，讓追肥在生長後期上揚時發揮功效才是重點。

活用有機肥料的肥效特性

爲了配合肥效曲線，究竟該如何使用肥料是好呢？以化學肥料來說，使用控釋型的被覆肥料，就算施用全量基肥也不會造成浪費，施用時還能省力的肥料類型正在增加。

【米糠】除了糖分和蛋白質外還富含脂肪，會擋水因此分解較遲，屬於遲效性的肥料，可以慢慢發揮功效。適合作爲穩定型和生長後期上揚型蔬菜的基肥。非常適合作爲混合發酵有機肥的發酵劑。

【魚粉】和米糠不同，爲速效性的肥料。適合用在生長前期上揚型的蔬菜（馬鈴薯和葉菜類等）上。可以吸收胺基酸，對磷酸也能發揮功用，是能讓作物變得可口的肥料。作爲基肥或追肥都可以。

根據蔬菜的類別來施肥

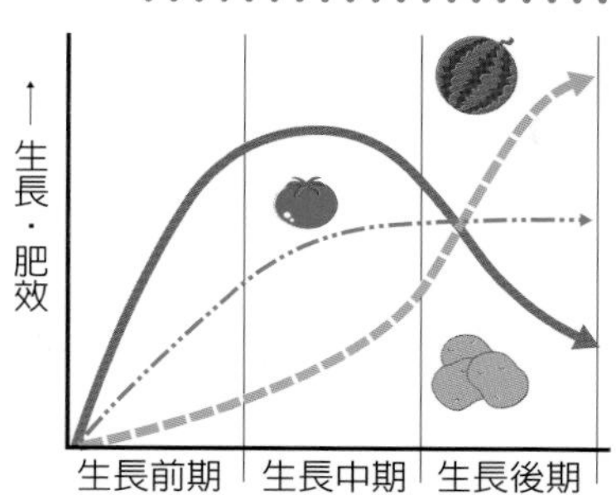

生長後期上揚型
中間型有甜玉米和草莓等

穩定型
中間型有高麗菜和油蔥等

生長前期上揚型

類型		蔬菜	施肥方式
生長前期上揚型		蕪菁、菠菜、茼蒿、葉萵苣、番薯、馬鈴薯、芋頭	以基肥為主體，全層施肥。從後半開始氮就算沒有發揮功效也不要緊。
	↕中間	甘藍、大白菜、花椰菜、洋蔥、山藥	以基肥為主體，使用肥效長的肥料。到生長中期為止別讓肥料不足，到了後半可以少施點肥。
穩定型		小黃瓜、番茄、青椒、茄子、青蔥、四季豆、毛豆、胡蘿蔔、芹菜	使用肥效長具有緩效性的基肥。需要多次追肥，生長後半別讓肥料不足。
生長後期上揚型	↕中間	蘆筍、甜玉米、豌豆、草莓	減少使用基肥，盡早施用追肥。
		南瓜、冬瓜、西瓜、洋香瓜、白瓜、白蘿蔔、牛蒡	基肥的用量少一些，從生長的中期到後半，使用追肥來調整作物的成長。

推薦的有機質肥料

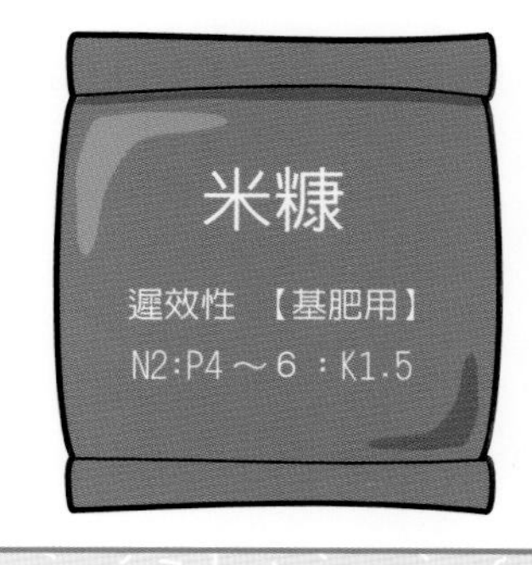

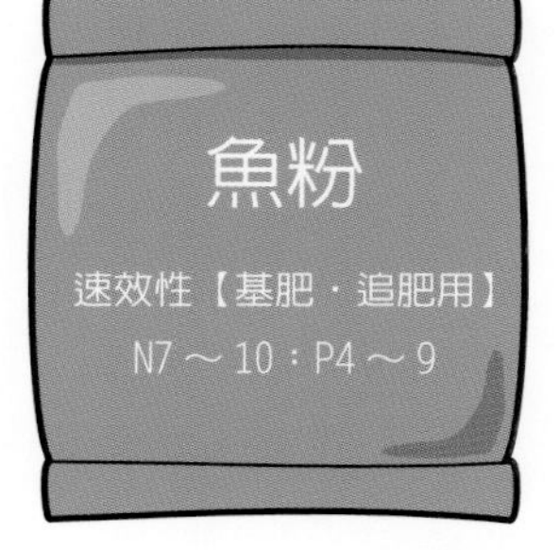

健全生育的條件與診斷法

「健全型」生育所需的營養均衡

作物想要健全生長的話，①透過光合作用產生的碳水化合物的量，以及②構成蛋白質主原料——氮的吸收量必須達到均衡才行。兩者之間如果可以取得很好的平衡，植物的葉子就會長得又寬又厚，莖上會有粗且短的節間，根系展開而發達，這就是健全型的生育（請見下一頁）。

「不健全型」生育的植物樣態和原因

營養的均衡如果亂掉，作物的生育就會變得不健全。不好的影響會反映在作物本身的大小、形狀和顏色上。不健全的生育可分為「徒長型」、「營養不足型」和「障害型」等三種。

【徒長型】作物的徒長主要是由養分——特別是氮——的過剩所引起，而土壤高水分和高溫則會助長這種情形的發生。徒長型的作物葉片薄又大，先端部位下垂，節間長又細，和發育良好的地上部位相比，根系顯得相當貧弱。徒長型的作物對害蟲和疾病的抵抗力較弱，收穫量也不足。

【營養不足型】營養不足會造成作物體型「縮水」。如果氮不足，葉子的顏色就會變淡；如果是磷酸不足，葉子則會呈現暗綠色。營養不足還會讓分枝和花芽的數量減少，降低收穫量。

【障害型】障害型生育不良由植物器官的損傷所造成，尤其根部腐爛是大問題。根部一旦受到損傷，養分和水分的吸收都會受到限制，造成植物在晴天時枯萎，或因營養不夠而衰弱致死。

葉片的光澤是植物健康狀態的指標

從育苗到收穫為止，每天對作物進行觀察是從事農業的基本功。

種植溫室番茄的農業行家在進行觀察時，會將重點放在「仔細檢查葉片的光澤」上。

如果葉片有光澤，番茄就不會生病，換句話說葉片上的光澤是衡量作物健康的標準，同時也能藉此推測根部的狀態。葉片的光澤若好，代表根部也很健康。

如果葉片喪失了光澤，植物就不會長出新的細根，接下來一定會生病。其中最令人擔心的，莫過於灰黴病和葉黴病的蔓延。因此，為了做好事前預防，在進入溫室後首先一定要仔細檢查葉子的光澤。

造成光澤喪失的原因有很多。

肥料養分不夠、日照不足導致光合成量不夠、植物體內的氮是否過多、土壤裡的水分是否不足，以及土壤病害是否造成植物在吸收水分和養分時發生困難等等，都是可能的原因。實際將植物根部挖出來看看，調查可能的原因，接著找出合適的解決方法。

營養成長初期可見的生育類型（模式圖）

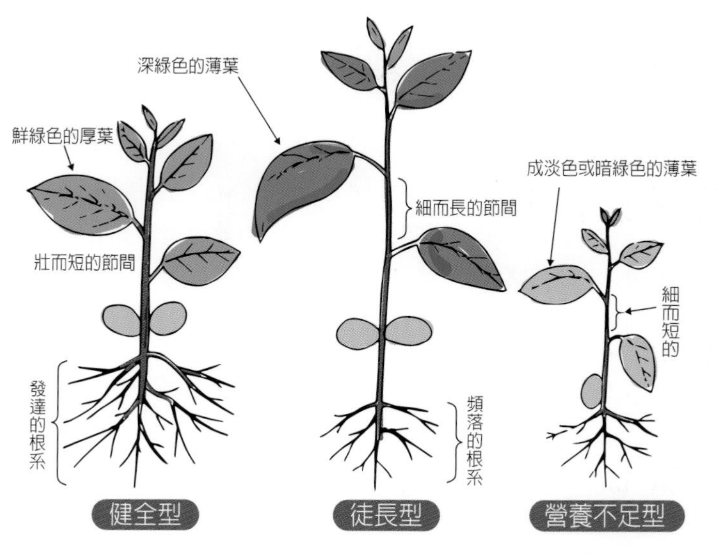

（原圖：堀江武等，2003）

葉片上的光澤是健康狀態的指標

透過觀察葉片的樣子來掌握蔬菜的狀況

注意養分的抗拮作用和相乘作用

●積極施用鎂（Mg）肥來強化耐病性

◎最近的蔬菜田和溫室土壤中有鉀過剩的現象，許多土壤都有鹼性化（pH 値在 7 以上）的問題。如下圖所示，鉀（K）和鎂（Mg）爲拮抗關係，鉀過剩的話就容易發生鎂不足的狀況，同時鈣（Ca）的功效也會打折扣。

◎鎂（Mg）和磷（P）能讓彼此易於吸收，具有相乘作用。

積極施用鎂肥能讓累積在土中的磷酸發揮很好的效果，讓植物的根系發展良好，還能吸收石灰（Ca），增強耐病性。

苦土（Mg）肥料也可以用來調查土壤的 pH 值。

◎硫酸鎂適合中性或鹼性土壤（速效性）。

◎氫氧化鎂適合酸性土壤，緩慢的產生作用（用於基肥）。

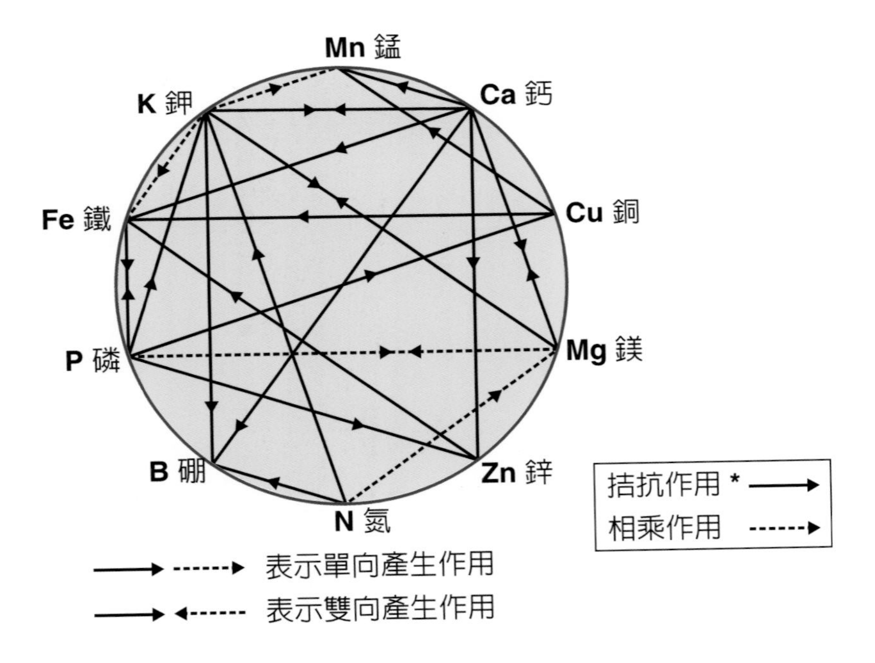

＊妨礙其他元素吸收的作用。例如鉀和鈣以及鎂之間互有拮抗作用，任何一方過多的話，都會妨礙其他兩樣的吸收。

第 6 章

如何選擇和使用環境保全型農藥

可以用於有機農業的農藥（1）

哪些農藥可以標示為「有機」？

一提到「有機農業」或「有機農產物」，很多人都會立刻聯想到無農藥或無化學肥料，但事實並非是如此。根據有機ＪＡＳ法的規定，禁止使用「化學合成物質」的農藥和肥料，如果是「源自生物或天然物質」的農藥和肥料的話，則不在禁止之列。然而，很多人容易掉進「天然物質」和「生物」較「合成物」來的安全這種迷思中，事實上這是缺乏科學根據的。

目前市面上有哪些素材？

【使用天然無機物的農藥】

下一頁介紹的農藥，有許多是利用硫磺和銅等天然無機物所製成的。「石灰硫磺合劑」具有殺蟲和殺菌的作用，是帶有強烈硫磺味道的強鹼性古典型農藥（對介殼蟲類、蟎類、銹病和白粉病等很有效）。

銅水和劑（Ｚ波爾多液）及硫磺與銅的混合劑（園藝波爾多液）等，也是適用於多種病害的「多作用點接觸活性劑」，是具有預防效果且不易產生耐性菌的農藥。

另外「碳酸氫鉀水溶劑」的主要成分也被用於漱口水中，是很安全的成分。高濃度的鉀離子能夠滲透到白粉病等的菌體內部消滅它們，同時植物也能把高濃度的鉀離子當作肥料養分來吸收，提高自己的耐病性。

【源自食品原料的「氣門封鎖型藥劑」】

氣門封鎖型藥劑是用物理的方式造成昆蟲的氣門（吸氣口）堵塞，使牠們窒息而死。在葉蟎類、蚜蟲類和粉蝨類等體型極小的害蟲身上能夠發揮速效性。

能夠封鎖氣門的主要物質有菜籽油、澱粉、甘油酯（椰子油精製物）、還原澱粉糖化物（在水飴中加入氫製成）等，因為這些東西都來自於一般食品，因此在使用次數上沒有限制，也不用擔心發生抗藥性的問題。

【來自土壤微生物的新型農藥】

二〇一二年（平成二十四年）ＪＡＳ法修正時加入了密滅汀乳劑（從培養的土壤放線菌裡抽出可以除去蟎的殺蟲劑）和賜諾殺（Spinosad）水和劑（由土壤放線菌而來的殺蟲劑）。加進了來自微生物的新農藥後，讓利用的幅度增加不少。

「減農藥」也使用源自天然物質的農藥

採取減農藥、減化學肥料的「特別栽培農產物」（日本各縣的規定不同），並沒有對有機ＪＡＳ法認定的取自天然物質的農藥進行用量控制，也沒有減少使用的次數。在實踐以環境保護為目標的減農藥農業時，就從使用取自天然物質的農藥開始吧。

可以使用在有機農產品上的農藥

可以使用在有機農產品上主要的農藥（依據 JAS 規定）

＊（　）內為商品的例子 ◎殺菌 ◆殺蟲 ◇殺蟎 ▽其他效果

農藥	效果	農藥	效果
除蟲菊乳劑（Garden Top）	◆	碳酸氫鉀水溶劑（Cali Green）	◎
菜種油乳劑（Happa 乳劑）	◎◇	天敵等生物農藥（注1）	◆◎◇
機油乳劑（Harvest Oil）	◆	性費洛蒙劑（Konagakon）	◆
澱粉水和劑（黏著劑）	◆◇	綠球藻抽出物液劑（Greenage）（注2）	▽
脂肪酸甘油乳劑（San Crystal）	◆◎	混合生藥抽出物液劑（Alm Green）	◎
四聚乙醛（Metaldehyde）粒劑（Namekiru）	◆	香菇菌絲體抽出物液劑（Lentemin）	◎
硫磺燻煙劑・粉劑（Sulfur Guren）	◎	蠟水和劑（Greenner）（注3）	▽
水和硫磺劑（硫磺 Flowable）	◎◇	石蠟絲展著劑（Abion-e）	▽
石灰硫磺合劑（日農石灰硫磺合劑）	◆◎	碳酸鈣水和劑（Kurefunon）（注4）	▽
硫磺・銅水和劑（園藝波爾多液）	◎◇	密滅汀乳劑・水和劑（Kolomaito）（注5）	◇
銅水和劑・粉劑（Z 波爾多液）	◎	賜諾殺（Spinosad）水和劑・粒劑（Supinoesu）（注5）	◆
碳酸氫鈉水溶劑（Harmomeito）	◎	還原澱粉糖化物液劑（Ecopita）（注5）	◆◇

（注1）包含天敵昆蟲、蟎製劑和微生物製劑。
（注2）農藥登録為植物成長調整劑。
（注3）農藥登録為植物用披衣劑。
（注4）防止同水和劑的藥害。
（注5）平成二十四年（二〇一二年）四月追加。

可以使用嗎？

可以用於有機農業的農藥（2）

新作用機能的「生物農藥」

上一節介紹過的「可以用於有機農業的農藥」中，最值得注意的是使用天敵等「生物農藥」的推廣。從活用害蟲的天敵微生物中誕生了許多新的藥劑（請見下頁）。

【殺蟲劑——BT劑】 BT是蘇雲金芽孢桿菌（Bacillus thuringiensis）的簡稱。BT劑是活用含有BT菌的殺蟲性結晶蛋白質。小葉蟲和青蟲等蝶目害蟲在吃了撒上BT劑的葉子後，牠們腸內的結晶蛋白質會遭到鹼性消化液分解發生毒素化，破壞中腸裡的細胞組織。害蟲會因爲神經麻痺而停止進食，以致衰弱而死。BT劑是對胃液呈酸性的人類無害的登錄農藥。

【殺蟲劑——昆蟲病原性線蟲劑】 這是1公克裡含有二百五十萬頭的微小天敵線蟲劑（需要保存在5℃的環境下）。這種天敵線蟲會侵入蔬菜上的斜紋夜盜蟲及果樹上的桃蛀果蛾體內，放出共生細菌，讓害蟲引發敗血病死亡。

定著於植物表面的微生物制菌劑

【枯草菌製劑】 Botokira（商品名） 1公克的含量裡有一千億個孢子，它們是納豆菌的同類，對絲狀菌具有強力的抑制效果。在灰黴病和白粉病還沒發生之前使用的話，藥劑會先定著在植物體上，透過抑制病原菌的活動來發揮預防的效果。該製劑的作用機制，會透過和病原菌在噴灑過後的葉面上競爭養分中展現出來。

【絲狀真菌・細菌製劑】 Ekohpu DJ（商品名）的成分爲木黴菌，它是土壤中常見的絲狀眞菌，該劑爲對環境負擔較少的稻作種子傳染性病害防除劑（適用於馬鹿苗病、細菌性穀枯病等）。該劑不會直接殺死病原菌，而是透過菌株大量在稻作種子表面上增殖，透過和病原菌發生競爭的方式來抑制疾病的發生。

Bio-keeper（商品名）的主要成分爲喪失病原性的軟腐病菌。它會產生能夠抑制同種細菌增殖的細菌，在植物體表面形成養分的競合關係，用來阻礙病原性軟腐病菌的增殖。

露天土地上也適用導入天敵的放養

爲了防治溫室栽培中不易解決的害蟲問題，目前流行導入害蟲天敵的放養方式。除了南方小花蝽以外，這些害蟲的天敵幾乎都是引進自荷蘭等國家的舶來品（外來生物）。捕食薊馬類的斯氏鈍綏蟎（價格最高）從二〇一五年（平成二十七年）起，經過日本政府核准可以使用於露天土地栽培的茄子上。斯氏鈍綏蟎通過核准的其中一個原因是牠很難度過日本的冬天，而且包含日本固有的天敵在內，能夠應用的範圍更廣。

主要的生物農藥

（◆殺蟲　◎殺菌）

	種類名	主要的商品名（適用病蟲害）	有效成分
◆	BT 水和劑（生菌）	Eco Master （小菜蛾、青蟲及其他）	BT 菌＊生芽孢漢結晶毒素 ＊芽孢桿菌、蘇雲金芽孢桿菌
◆	昆蟲病原性線蟲劑	Bio SAFE （桃蛀果蛾、天牛類幼蟲及其他）	天敵線蟲（生劑） ＊蟲生線蟲 （Steinernema carpocapsae）
◎	枯草菌水和劑（生菌）	Botokir （白粉病、灰黴病及其他）	芽孢桿菌、枯草芽孢桿菌
◎	非病原性絲狀菌製劑（生）	Ekohopu DJ （苗馬鹿病．細菌性穀枯病及其他）	木黴菌孢子 ＊深綠木霉菌 （Trichoderma aureoviride）
◎	非病原性細菌製劑（生）	Bio-keeper （蔬菜的軟腐病）	歐文氏菌（Erwinia carotovora）

＊生物農藥＝為生物在活體下的製品。到平成二十六年（二〇一四年）十二月為止，登錄的有二十八種。

天敵生物農藥（昆蟲．蟎類）

粗脊蚜繭蜂
捕食對象：蚜蟲類
（攝影：（一社）日本植物防疫協會）

南方小花
捕食對象：薊馬類
（攝影：高知縣農業技術中心）

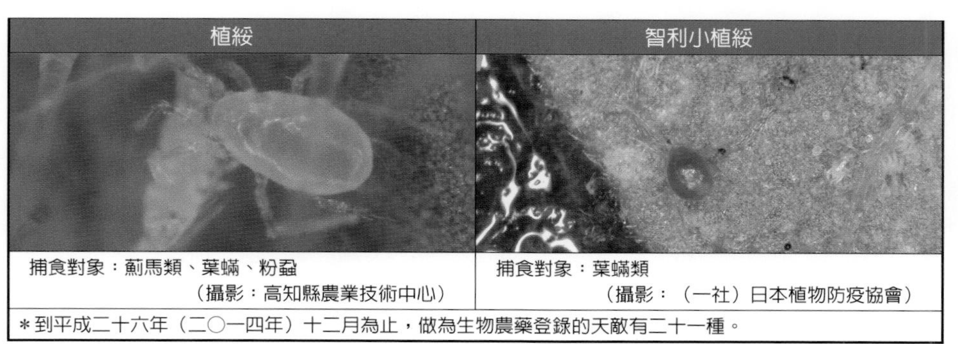

植綏
捕食對象：薊馬類、葉蟎、粉蝨
（攝影：高知縣農業技術中心）

智利小植綏
捕食對象：葉蟎類
（攝影：（一社）日本植物防疫協會）

＊到平成二十六年（二〇一四年）十二月為止，做為生物農藥登錄的天敵有二十一種。

化學農藥的使用規定日趨嚴格

由「短期暴露評估」而來的殘留農藥規定

在設定農作物的農藥殘留基準值上，到目前爲止都是以慢性病毒的指標「每日可接受攝取量（ＡＤＩ）」爲基準，進行「長期暴露評估」的測定。從二〇一四年（平成二十六年）起，日本接受了國際上農藥殘留基準的設定，爲了進一步確保農藥使用的安全性，採取以急性毒物指標「急性參考劑量（ＡＲｆＤ）」爲基準，兼採「短期暴露風險」的作法。「急性參考劑量」是以就算遵守安全使用基準，還是會發生藥物殘留的偏差和個人差異的食品攝取量爲考量，針對高濃度農藥殘留作物在短時間內（二十四小時以內），就算在大量進食的情況之下，對於人體健康還是不會造成影響的一日殘留農藥攝取量所做的短期安全等級設定。

食品安全委員會在設定「急性參考劑量」作業時，農林水產省以該委員會的試案爲基準，向農藥製造商提出自主評估的要求，針對每一項適用作物提出殘留農藥最大攝取量的試算。如果最大攝取量預期會超過「急性參考劑量」，就要接受重新設定使用基準的指導。

農藥廠商主動縮減可以使用名單上登錄的作物

以有機磷爲主力殺蟲劑的的 Orutoran 水和劑（產品名），申請了縮小使用登錄的範圍，獲得受理。從適用作物裡剔除的有柑橘和番茄等八種作物，變更使用方法的則有十種作物。其中高麗菜和小白菜的使用時期從原本的「收獲前七天爲止」，變更爲「收獲前三十天爲止」。

同爲殺蟲劑的氨基甲酸鹽系列的 Onkoru 粒劑5（產品名），也將小黃瓜、茄子、西瓜等十九種作物移出適用作物名稱。

Punfluquinazon 類的殺蟲劑 Colt 顆粒水和劑（產品名）從適用作物中移除了白蘿蔔。因爲廠商自己從短期攝取量試算中得出的結果顯示，使用該藥劑會讓預測的最高濃度（用來防治蚜蟲，收獲前三天爲止可以使用）殘留在「白蘿蔔的葉子上」，如果在一天之內大量攝食的話，將會超過預設的「急性參考劑量」（食品安全委員會的試案）。

限制使用殺蟲範圍較廣的殺蟲劑

下一頁裡需要重新評估的三十六項農藥中，有機磷類有十六種，氨基甲酸鹽類有十三種，合計二十九種。

這兩類藥物同爲神經系統製劑，因爲昆蟲的神經和人類的神經構造基本相同，非選擇性神經系統製劑對人類來說也具有強烈的毒性。在當今世界上推行環境保全型農業的風潮下，有機磷劑、氨基甲酸鹽劑因爲有殘留性和對人體帶來不良影響的問題，在使用上逐漸受到限制。

殘留農藥攝取的風險管理：長期、短期兩種評估法

長期暴露評估（到目前為止的評價法）

將長期攝取量（從所有的食品中計算來的攝取量）和每日容許攝取量（ADI，Acceptable Daily Intake，生涯中就算每天都攝取，也不會對健康造成不良影響的推估數值）的八成作比較。

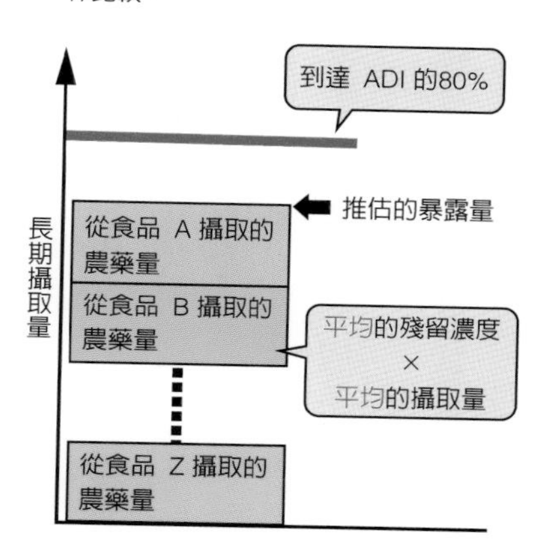

短期暴露評估（新增的評價方式）

將個別食品的短期攝取量和短期內經口攝取的情況下，對健康不會造成不良影響的推估急性參考劑量（Acute Reference Dose，ARfD）作比較。

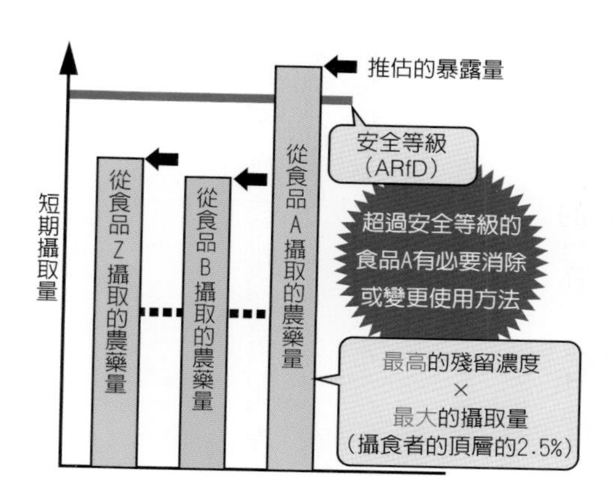

需要重新評估的農藥

（◆殺蟲劑　◎殺菌劑）

◆有機磷類
【乙醯甲胺磷（Acephate）】Orutoran 粒劑、Orutoran 水和劑、Orutoran DX 粒劑
Jay Ace 粒劑、Jay Ace 水和劑、Generate 粒劑、Generate 水和劑
Sumifeto 粒劑、Sumifeto 水溶劑、家庭園藝用 Orutoran 粒劑
家庭園藝用 Orutoran 水溶劑、家庭園藝用 GF Orutoran 水和劑
【樂果（Dimethoate）】Dimethoate 乳劑、Dimethoate 粒劑、Bejihon 乳劑
◆胺基甲酸酯（Carbamate）類
【丁硫克百威（Carbosulfan）】Gazette 粒劑、Advantage 粒劑、Advantage S 粒劑
【甲基丙硫克百威（Benfuracarb－Methyl）】Onkoru 粒劑、Ground Onkoru 粒劑、Onkoru 粒劑5
Judge 箱粒劑、Onkoru Starkle 粒劑、Ondia Ace 粒劑、Onkoru 粒劑1
Onkoru Microcapsules【NAC（乙醯半胱氨酸）】Mikurodenapon 水和劑85、Denapon 水和劑50
◆Onkoru microcapsules【NAC（乙醯半胱氨酸）】Mikurodenapon 水和劑85、Denapon 水和劑50
【氟胺氰菊酯（Tau－fluvalinate）】Maburikku 水和劑20、Maburikku EW、Maburikku Jet
◆Pyrifluquinazon 類
Colt 顆粒水和劑、Kumiai Colt 顆粒水和劑
◎菲基（Phenanthryl）類、Rubigen 水和劑、Spex 水和劑

＊上表的內容更新至平成二十七年（二〇一五年）為止，今後預期仍會有登錄變更。

如何面對具藥劑抵抗性害蟲的挑戰？

到目前為止仍然沒有找到解決的方法

當我們在選擇防治害蟲的農藥時，確認對象害蟲是否對該農藥具有抵抗性是很重要的工作，尤其是針對葉蟎、蚜蟲、薊馬類、小葉蛾等害蟲時需要特別注意。這幾類害蟲因爲從產卵到成蟲的生長期很短，發生頻率高且具有連續性，在一年中可以產生好幾個世代，因此很容易產生對農藥的抵抗性。

如果重複使用同一種殺蟲劑，擁有抵抗能力的個體就會存活下來，結果反而增強了害蟲集團整體的抗藥能力，這樣的集團稱作「抵抗性系統」，它們和新藥劑的開發展開一連串貓抓老鼠的戲碼。

有沒有打得贏「南黃薊馬」的農藥呢？

若要舉出對藥物抵抗性強，又難以防治的害蟲，一定非來自海外的入侵種「南黃薊馬」莫屬了，南黃薊馬容易發生在各地溫室和露天栽培的茄子及小黃瓜上。

南黃薊馬好發的原因有以下幾項，首先牠的體長只有1㎜非常微小，在發現後想要採取對策時，多爲時已晚。其次，在適合的溫度條件下，只要三週的時間牠就可以完成世代交替，短期間內增殖的速度非常快，因此對於多種藥劑都具有抵抗性，只有少數的農藥能對牠產生效果。

下一頁會介紹多種藥劑在不同地區對南黃薊馬產生的殺蟲效果的調查結果。看完這份報告後，如果用棒球運動來比喻，作爲主力投手的殺蟲劑（類尼古丁類、除蟲菊精類、有機磷類）都已經喪失球威，效果低落。防禦力（死亡率）高的只有新成員Affirm乳劑（產品名）。

然而就算是「有效的」Affirm乳劑，也在「使用注意事項」裡寫到「連續施用本劑的話，有可能增加病害蟲的抵抗性」，呼籲使用者避免連續施用該藥劑。

透過放養天敵建構安全的防治體系

在這種情況下，斯氏鈍綏蟎以救援投手之姿，從海外引進日本。牠被當作「天敵生物農藥」在日本各地放養，雖然要價不斐，但是對於對化學農藥不起作用的薊馬類而言卻相當有效，而且還是安全的防治方法。

如果將放養天敵放進防治的一環，之後就不能使用會殺害天敵的農藥了。爲了不去增強害蟲的抵抗性，一定要盡可能的減少殺蟲劑的用量，並且加入物理和耕種防治方法，這才是以環境保全型的方式來規劃防治體系的做法。

針對南黃薊馬個體群之各種藥劑的殺蟲效果

大阪四地區各體群的殺蟲效果	羽曳個體群 野小黃瓜園	河南各體群 茄子園	泉佐野各體群 茄子園	貝塚個體群 露天栽培茄子
無效的農藥（×補正死亡率70%未滿）				
◆ 類尼古丁類殺蟲劑 （Mospiram 水溶劑、Adomaiya 水溶劑和其他六種）	×	×	×	×
◆ 除蟲菊精類殺蟲劑 （Aguroslin乳劑）	×	×	×	×
◆ 有機磷化合物殺蟲劑 （Orutoran 水和劑）	×	×	×	×
有效的農藥（◎補正死亡率90%以上）				
◆ 阿維菌素類殺蟲劑 （因滅丁乳劑）	◎	◎	◎	◎

＊二〇一二年大阪府立環境農林水產綜合研究所調查

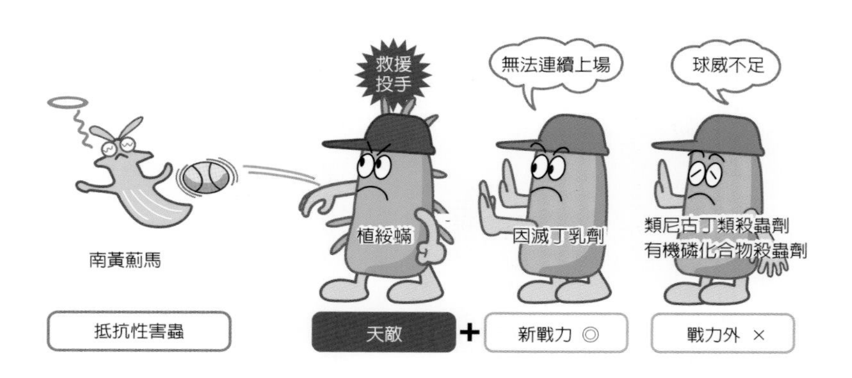

該如何抑制藥劑耐性菌？

農藥的使用會產生不同耐性菌發生的風險

就算是病害防治用的殺菌劑，一樣有藥劑耐性菌發生的問題。

下一頁介紹的是發生耐性菌風險較高的疾病。在蔬菜、果樹以至於花木類之間帶來嚴重災情的灰黴病、白粉病和露菌病，它們的病原菌都是絲狀眞菌。絲狀眞菌的異變性高，容易在短時間內產生藥劑耐性。

市面上有些殺菌劑較不容易產生耐性菌，而且發揮功效的時間長。但也有容易產生耐性菌的類型存在，在經過使用幾年後，殺菌效果就大不如前了。

【不易產生耐性菌的農藥】無機銅劑、硫磺劑、Jimandaisen和TPN可溼性粉刺等稱作「多作用點接觸活性劑」類型的農藥，會在細菌代謝系統的許多部位上發揮作用，抑制耐性菌出現，適用病害的範圍較廣。在下頁表②的「其他」中所舉出的生物農藥 Botokira 等，也是耐性菌發生風險較低，就算連續使用還是能產生效果的農藥類型。

【容易產生耐性菌的農藥】甲氧基丙烯酸酯類系的亞托敏可溼性粉刺（Azoxystrobine）和 Famntajisuta 是近來典型的例子。這些農藥具有浸透移行性，作爲長期殘效性治療劑，在省力化和減農藥上備受期待。因爲作用點集中在阻礙呼吸系統上，病原菌只需要較少的基因變異就能加以抵抗，因此在草莓產地等地，灰黴病和白粉病的耐性菌才會急速的擴張。剛開始使用時效果好且選擇性又高的殺菌劑，也存在容易產生耐性菌的高風險。

初期防治比什麼都重要

要抑止耐性菌的發生，澈底的初期防治比什麼都重要。在疾病大量發生的情況下，不要重複去施用農藥。如果在病原菌密度較高時散布藥劑的話，殺菌劑的選擇作用就會啓動，提高耐性菌發生的風險。

在疫情初始階段，使用沒有耐性菌風險的既存農藥來挫一下病菌的銳氣，降低農地裡病菌的密度。如果發病的狀況開始增加的話，就使用具有特效的新型藥劑一至二次，來抑制病情的發展。要特別注意的是，不要連續使用相同系統（具有相同的作用機作）的農藥。

提高防治方法的多樣性

不要過度相信輪流施作農藥所帶來的效果，因爲這麼做就算能延緩耐性菌的擴張，也不可能達到完美的防治效果。與其只把希望放在農藥上，提高防治方法的多樣性更重要。從下一章開始會介紹許多不同的防治方法，將這些方法組合後應用在對抗病害蟲上，是這個時代防治工作的基本做法。

①耐性菌發生風險較高的疾病

作物例	病害	作物例	病害
葡萄等多種作物	灰黴病	瓜類等多種作物	黃葉病
瓜類等多種作物	白粉病	蘋果等多種作物	斑點落葉病
瓜類等多種作物	露菌病	小黃瓜等多種作物	褐斑病
蘋果、梨子等	黑星病	馬鈴薯、番茄	疫病
稻類、草類	稻熱病	桃子等冬作物	灰星病

②不易產生耐性菌的農藥

作用機作	系統名【FRAC Code】	農藥商品名（例）	系統名【FRAC Code】	農藥商品名（例）
多作用點接觸活性	無機銅劑【M1】	IC 波爾多液銅水和劑	氯腈類【M5】	TPN 可溼性粉刺
	無機硫磺劑【M2】	硫磺粉劑、石灰硫磺合劑	胍類【M7】	Berukuoto
	二硫代胺基甲酸鹽類【M3】	Jimandaisen	類【M9】	Deran
	鄰苯二甲醯亞胺類【M4】	Captan	喹喔啉類【M10】	Morestan
其他	碳酸氫鹽	Potassium hydrogen carbonate	澱粉類（氣門封鎖）	黏著劑
	生物農藥、微生物	Ecoshot、Botolira	撲殺熱（抵抗性誘導）	Orizemate

③會產生耐性菌的農藥

系統名【FRAC Code】	農藥商品名（例）	主要的耐性菌
苯並咪唑類【1（B1）】	Thiophanate-methyl、Benreto	灰黴病、白粉病、草莓炭疽病
二甲醯亞胺類【2（E3）】	Misurex、Iprodione	灰黴病、蘋果斑點落葉病
DMI 類殺菌劑（固醇類生合成抑制劑）【3（G1）】	Onriiwan、Triforine、Trifmine	白粉病、茄子葉黴病
SDHI 類殺菌劑【7（C2）】	Afeto、Kantas	草莓灰黴病
QoI 類殺菌劑（甲氧基丙烯酸酯類）【11（C3）】	Azoxystrobine、Sutoropea、Fandajisuta、Purinto	灰黴病、白粉病

＊FRAC Code 是將殺菌劑依作用類別作系統性的區分。如果連續使用同一種系統的殺蟲劑，可能會產生交叉耐性，反而會增加耐性菌的數量。［FRAC 為世界上的農藥製造商所參加的殺菌劑抗藥性行動委員會（Fungicide Resistance Action Committee）］

提高農藥功效的使用方法

對付疾病要全面，應付害蟲要部分

使用者都期待自己的農藥能不浪費又有效。但是在面對疾病和害蟲時，農藥施作方式在基本上卻有很大不同。

【防治病害的基本在預防噴灑】農藥的使用者需要細心觀察天候的狀況（溫度和溼度），來作病害發生的預測。除了白粉病以外，幾乎所有的病原菌都喜歡在多溼的狀態下活動。當我們在農地裡的一小塊區域內發現病害發生時，通常病原菌早已全面擴及到整片農地了。防治病害需要在疾病發生之前，就先在田地裡進行全面的農藥噴灑。

【防治害蟲的基本，在發生初期的防治】殺蟲劑如果不是直接噴灑在害蟲身上，效果相當有限。作預防噴灑時，如果連天敵都不放過的話，只會產生反效果。如果用放大鏡等進行觀察，發現害蟲時，只要在害蟲出現的地方集中噴灑農藥就可以了。倘若在田地裡不同的角落都發現害蟲的蹤影時，就需要作全面的噴灑了。

適當的農藥噴灑時機

農藥噴灑的時間點也要特別注意。高溫的季節裡，盡可能在早晨溫度較低的時候噴灑，在太陽高掛之前完成噴灑，藥劑就會乾得比較快。傍晚施作容易發生噴灑不均的現象，會降低防治的效果，再加上農藥不容易乾燥的話，也容易對作物產生藥害。

作物的疾病不太會在連續的好天氣時發生，而是在梅雨時節等多溼的狀態下發生機率較高，因此應該盡可能選在降雨之前幾天進行農藥噴灑。只要噴灑的農藥一經乾燥過，就算之後被雨淋溼，也不用再次進行噴灑。可以參考一週天氣預報來選擇適當的噴灑時機。

害蟲預防首重初期防治，特別是配合從蟲卵到孵化後的若齡幼蟲這個時期進行農藥噴灑最爲重要。「大潮防除」就是在滿月或新月時施行的防治「密技」。

噴灑農藥時噴口要向上

病原菌會從葉子的正、反兩面侵入植物體內，害蟲則比較會寄生在葉子的背面。因此爲了讓藥劑能噴灑在葉片的背面，農藥噴嘴應該朝上，向上方噴出，噴嘴從葉子下方倒著作霧狀噴灑。噴灑時應盡量施加壓力，噴霧的狀態越綿密越好。將噴嘴上下左右移動，當農藥噴灑至快從葉子上滴落的狀態時，表示葉子背面的藥量已經足夠了，接下來就等待農藥自然乾燥即可。

這裡要注意的是，到害蟲從植物上落下爲止的期間，如果不斷進行農藥噴灑，只是徒增浪費。農業用殺蟲劑和家庭用殺蟲劑相比，毒性和濃度都比較低，因此效果並不會立即表現出來。

提高農藥功效的使用方法

疾病和害蟲在噴灑農藥時的相異之處

殺菌劑 VS 病原菌

基本在預防噴灑

田地的全面噴灑

噴灑的時間點

◆ 高溫的季節。

◎ 中午前噴灑完畢，讓農藥早點乾燥。

◎ 傍晚時的防治效果較差。

◎ 看準要下雨的前幾天，農藥一經乾燥，不用再次噴灑。

◎ 害蟲也適用「大潮防除」。

殺蟲劑 VS 害蟲

基本在發生初期的防治

只噴灑在害蟲發生的地方

藥劑的噴灑方式

◎ 噴嘴向上，上下左右移動。

◎ 於噴灑時施加壓力，讓殺蟲劑呈霧狀。

◎ 充分噴灑在葉子的正反兩面，不要有散布不均的現象發生。

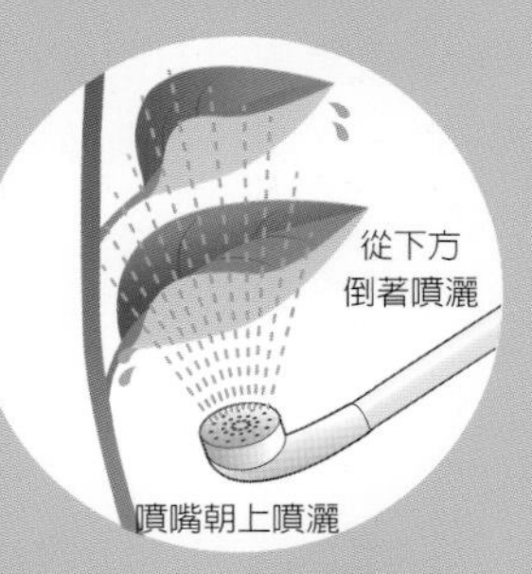

★ 使用的時期、次數和倍率請遵守安全使用基準。要注意藥劑是否飛散到周邊的作物上。

適期防治法中的「大潮防除」

●鎖定害蟲剛孵化後的時間

防治害蟲進行噴灑農藥的訣竅在於，如果能配合在發生初期實施，就能達到不浪費農藥又有功效的結果。爲了抓住適當的防治時間，觀察月亮的規律（月齡），將滿月或新月前後的大潮作爲噴灑農藥適宜期間的做法稱爲「大潮防除」，這種方法在種植蔬菜或花木的農家之間廣爲流傳。

一般認爲害蟲的生殖活動有「在滿月的前三天交配，滿月當天產卵，在滿月後三天進行孵化的傾向」。在卵的階段時因爲有硬殼的保護，農藥不容易發揮效果。許多農家都認爲，對剛孵化後最脆弱的一齡幼蟲下手比較有效果。

●月亮的規律也適用於病害防治

雖說防治害蟲看滿月，有的農家在防治疾病上則以新月作爲標準。對於取得營養生長和生殖生長平衡，能夠長期採收的果菜類來說，新月時作物有偏向營養生長的傾向，發生徒長的情形，作物也容易生病。因此才會在新月之前進行農藥的預防噴灑。

此外，還有些農家以月齡歷（陰曆）作爲農作物栽培時，執行各項農活的時間參考依據。他們在滿月時撒種、新月時定植，實踐以月亮的規律爲主的農法。

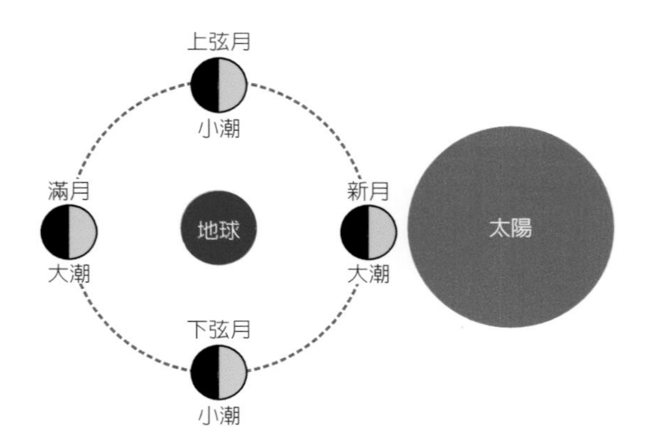

月亮的規律與潮位的關係

月亮的規律指的是月亮繞地球一周進行的循環。地球受到月亮和太陽引力的影響，在滿月和新月時會發生大潮（潮差最大時）。

第 7 章

不只依賴化學農藥的防治法 ①物理性防治

利用「除雨栽培」來減輕作物的病害和生理障害

盛行於日本全國產地的「遮雨栽培」

在四季氣候變化分明的日本，農人從過去就在思考，如何在不同的天候中，將作物的生長環境控制在它們喜歡的環境下，來穩定作物的栽培。在高冷地區於夏秋季收獲番茄時預防遭遇「潰瘍病」的「遮雨栽培」就是其中一種方式。

如果在室外種植，夏秋季時梅雨會帶來多溼的氣候，之後高溫和強烈的日曬，也會讓土壤發生乾燥的問題。「遮雨栽培」這種方式，除了可以遮蔽夏日強烈的陽光，保持土壤中水分的穩定狀態之外，還能防治藉由雨水作爲媒介來傳染的病原菌。

這種栽培方式從昭和四〇年代前半（約在一九六五～六九年間）開始，在岐阜縣、長野縣和山梨縣等日本中部地區開始普及。在該栽培法的有效性得到確認之後，栽培面積開始迅速擴張。目前在擁有高海拔地區的縣份和寒冷地區，這種栽種方式已經相當普遍。

「遮雨栽培」的好處

「遮雨栽培」最初應用在番茄的種植上。番茄是原生於雨量稀少的中南美洲祕魯和厄瓜多周邊高原地帶的蔬菜，因此它喜歡少雨乾旱的生長環境。如果突然碰到連日下雨，番茄的根會吸收多餘的水分，造成果實膨脹，當果皮超過負荷時就會裂開（裂果）。

此外，番茄的疾病容易在高溼度的環境下發生，如果葉子表面保持溼潤的狀態達五至六個小時以上，就可能會遭到感染。因爲潰瘍病的細菌經由雨水來搬運，如果能避開雨水的話就能達到預防的效果。

另外，遮雨栽培用來覆蓋於屋頂的材料，可以減少20%以上的日曬，因此可達到減少果實被豔陽曬傷的效果。

遮雨栽培對番茄以外的作物也適用

現在除了番茄以外，菠菜、小黃瓜、青椒、茼苣和西洋芹等夏秋蔬菜也使用遮雨栽培。

特別是最近幾年有試驗報告指出，透過在種植蘘荷（花蘘荷）的園地，設置番茄遮雨栽培的設備，可以大幅控制就連使用農藥都無法產生滿意效果的根莖腐敗病。

像遮雨栽培這種大家都很熟悉的防治方法，它的效果還有待更多的研究與應用。

利用遮雨栽培來防止疫病和裂果

使用遮雨栽培種植番茄的樣子。簡易的遮雨栽培設備會設置拱狀的支柱，只在頂棚的部位使用透明塑膠覆蓋，和溫室栽培相比它的費用負擔較輕

蘘荷的受害降至 1/4

1. 使用遮雨設施覆蓋和沒有覆蓋時，根莖腐敗病發病面積的比較

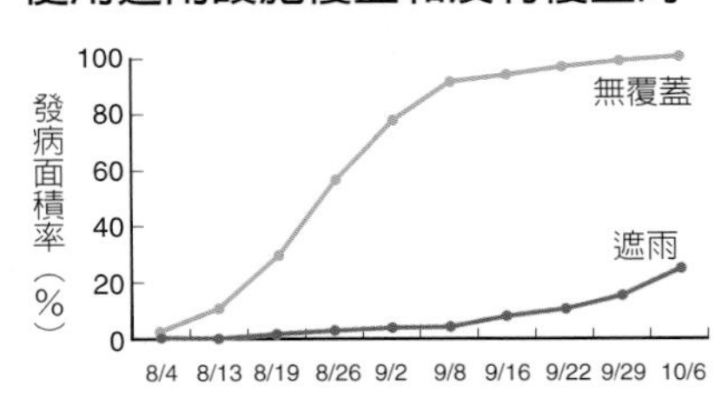

使用遮雨設施來栽培，可以大幅抑制發病的可能。

2. 使用遮雨設施覆蓋和沒有覆蓋時，累計收穫量的比較

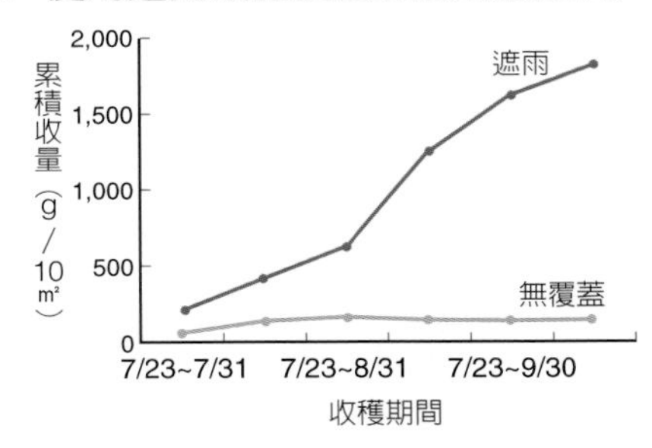

沒有覆蓋的話幾乎沒有收成。

＊用來進行遮雨覆蓋用的材料為透明聚乙烯膠布。

＊遮雨期間從六月上旬開始到收獲結束的十月上旬為止。

（資料來源：農文協《現代農業》2013年8月號）

利用「鋪蓋作業」來抑制病害蟲

「鋪蓋作業」（mulching）的多面效果

「鋪蓋作業」（覆蓋地膜）是利用雜草和昆蟲對光的反應（趨光性），以及防止雨水讓土壤飛濺的防治方式。

雖然都以「覆蓋地膜」（mulch）稱之，但是種類（顏色）和效果卻有所差異。不同的顏色對害蟲帶來的影響並不相同，因爲地溫的上升和光的透過性不一，對於雜草和作物生長產生的影響也會改變。有一長必有一短，在理解覆蓋地膜的種類與效果後，配合所需目的來使用才是成功的要訣。

黑色和透明覆蓋地膜的優點與需要注意之處

黑色和透明覆蓋地膜在氣溫較低時能提高地溫，具有促進作物發芽、育成的效果（透明比黑色在提高地溫上的效果更佳）。黑色覆蓋地膜還能遮斷陽光，在預防雜草發生的功效上也值得期待。透明覆蓋地膜從秋至春季時，在抑制雜草的生長上雖然效果不如其他的時節，但在夏天高溫的天氣時，卻是簡單可行的太陽熱消毒法，能夠用來降低雜草和土壤的病蟲害，利用在秋天收成的小松菜、青江菜和胡蘿蔔上。

但是黑色和透明的覆蓋地膜在夏季時容易造成地上部乾燥，使葉蟎類、茶細蟎和蚜蟲類等害蟲增加（同時姬花蟎和植綏蟎等天敵則會減少）。在五月下旬，地溫已經升高到一定的溫度時，改爲鋪設稻草和麥稈等，可以用來防止這些害蟲帶來的危害。

銀色和白色覆蓋地膜的優點與需要注意之處

聚集在蔬菜和草花類身邊的昆蟲大都喜歡黃色和綠色（植物的顏色），閃閃發光的銀色會干擾牠們，這些害蟲的習性也不喜歡白色。銀色和白色的覆蓋膜就是利用牠們的這種習性，在預防蚜蟲和薊馬類等害蟲靠近作物上頗有效果。特別是對蚜蟲作爲媒介傳染的病毒性疾病和嵌紋病，在作物成長初期的預防對策上能收到不錯的功效，能使用在白蘿蔔、番茄和小黃瓜等作物上。

然而銀色和白色覆蓋膜不只驅趕蚜蟲，也會讓瓢蟲等害蟲的天敵無法靠近，這點是需要特別留意的地方。此外當蔬菜的葉片長勢茂盛時，覆蓋膜的功效也會降低。再加上病毒性疾病也會在蔬菜成長後期發生，因此在栽種蔬菜時，可以透過覆蓋紗網等方式來防治蚜蟲。

覆蓋物的種類和效果相當多元

覆蓋地膜的種類	使用時期	地溫*1	對病害蟲產生的效果	對雜草產生的效果*2
透明	低溫期	上升	防止土壤飛濺	無*3
加入銀線（透明+銀）				—
加入銀線（黑色+銀）				有
黑				
綠				
白（白黑雙層*4）	高溫期	下降	防止土壤飛濺、對蚜蟲和瓜葉蟲有忌避效果	
銀（銀黑雙層*5）				
銀				
鋪設稻草、落葉和收割下來的草類				

*1 地溫上升效果：透明＞綠色＞黑色＞銀色＞銀黑＞白黑。
*2 除草效果：黑色＞綠色＞透明。
*3 透明覆蓋地膜於夏季可用來除草。
*4 表面白色。
*5 表面銀色。

（資料來源：根本久《蔬菜 果樹 草花 庭木的疾病和害蟲》主婦之友社）

害蟲不喜歡亮晶晶的東西！?

特殊的反射對蚜蟲類和薊馬類害蟲有強烈的忌避效果

（攝影：Mikado 化工股份有限公司）

利用被覆資材來減低農藥的使用

被覆資材的種類與用途

利用防蟲網、不織布和紗網等被覆資材，是達到減少使用農藥的簡單而重要之方式。

防蟲網和它的名字一樣，具有防治害蟲入侵的效果，尤其是對高麗菜或白菜等容易受到害蟲侵襲的蔬菜來說，很能發揮它的功效。除此之外防蟲網還能遮風避雨，最近幾年連家庭菜園中都可以見到它的身影。

不織布具有保溫的效果，用於覆蓋在春至初夏採收的蔬菜上。紗網因爲可以遮光，能帶來冷卻的效果，用於覆蓋在不耐熱的秋冬蔬菜上。不織布和紗網也都具有防止害蟲入侵的效果。

不同的覆蓋方式帶來的效果和需要注意的地方

不同的被覆資材及覆蓋方式，讓它們的名稱和使用目的也不相同。

被覆資材直接覆蓋在作物上面的方法稱作「密蓋式覆蓋」，這種覆蓋方式對防止凍霜害、提高溫度、防止風害、防止害蟲入侵以及保溫上能發揮功效。但是這種作法也會導致通氣性變差，溼度和氣溫升高後，葉子的邊緣會發生葉燒現象，如果發生捲曲，會影響到作物的品質。此外，因爲資材直接和作物接觸，所以也有可能遭遇害蟲產卵的危險。這種覆蓋方式對「軟弱蔬菜」和綠花椰菜在育苗時期，具有防治遭到食用性害蟲攻擊的效果，同時也常被拿來做爲冬季時預防凍霜害和風害的方法。

從支架的上方掛上被覆資材的覆蓋方式稱爲「山洞式覆蓋」或「浮蓋式覆蓋」。這種方式因爲資材和作物之間較少接觸，適合用來做害蟲的防治。這種方式對於減少農藥噴灑，和在缺乏有效對付害蟲的農藥時能起到作用。

雖然防蟲網和紗網的孔隙越小越能防止小型害蟲的入侵，但卻也會讓通氣性變差，提高作物品質惡化的風險。

要注意使用的「時機」！

使用被覆資材時，抓準「時機」事關重大。雖然有很多人都是在苗稍微成長後才開始進行覆蓋，然而那個時候很有可能白粉蝶已經在苗上頭產下卵，蚜蟲也寄居在裡面了。覆蓋一定要在撒種後或是和種苗同步進行。此外，如果在撒種前害蟲已經潛伏在土裡，可能會變成在資材內部飼養害蟲的情況發生。這時會推薦先利用太陽熱等方法爲土壤進行消毒後再進行覆蓋。

被覆資材的種類和特徵

防蟲網

對防止害蟲入侵具有功效。春至秋季時可用於「密蓋式覆蓋」或「山洞式覆蓋」。

紗網

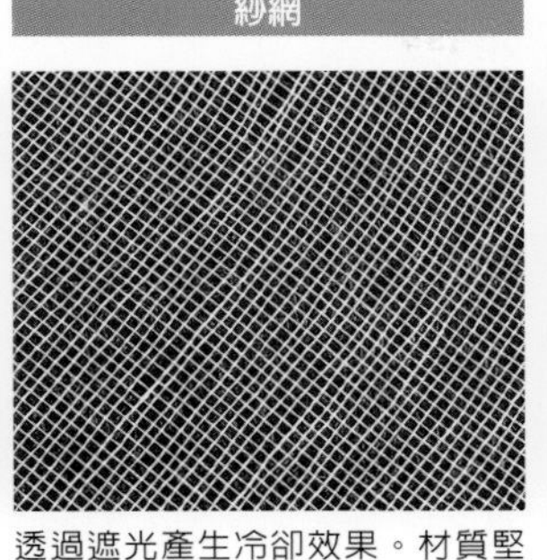

透過遮光產生冷卻效果。材質堅固而便宜。夏天時可用於「密蓋式覆蓋」或「山洞式覆蓋」。

不織布

具有保溫效果。輕巧而便宜。冬至春季時可用於「密蓋式覆蓋」或「山洞式覆蓋」。

多種覆蓋方式

密蓋式覆蓋

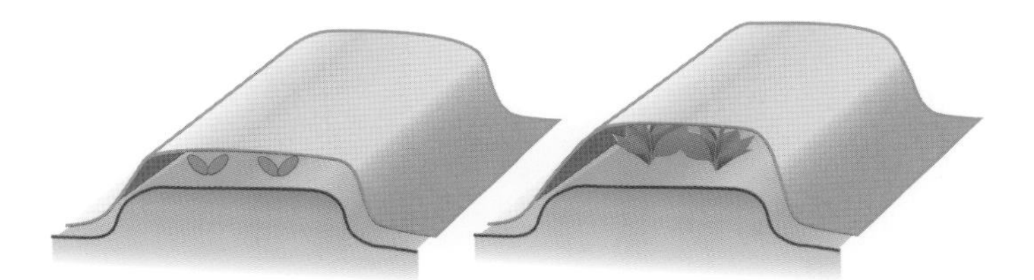

山洞式覆蓋

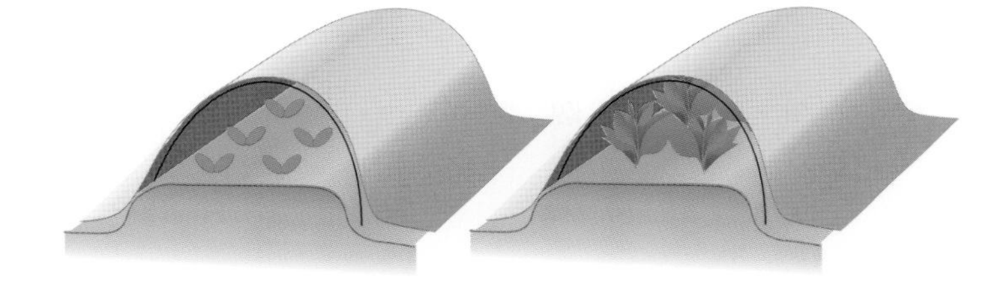

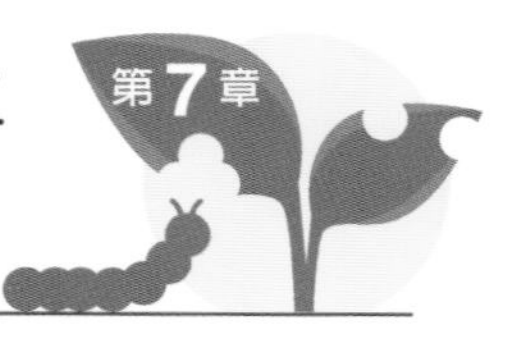

利用防紫外線塑膠布來抵禦病蟲害

溫室栽培的得力靠山

溫室栽種蔬菜容易發生灰黴病等疾病。使用隔離紫外線塑膠膜能夠有效預防這些病害的發生。

灰黴病的病原菌爲黴菌，黴菌孢子產生的過程中需要紫外線，因此只要在溫室覆蓋上能夠阻礙紫外線通過的塑膠膜，就可以減少黴菌孢子的形成量，減低發病的機率。

此外，溫室蔬菜栽種也經常發生由薊馬所媒介的病毒疾病，但是因爲薊馬不會進入紫外線遭到隔離的空間，因此遮斷紫外線對抑制病毒疾病也有功效。特別是對黃化壞疽病幾乎可以達到完全的排除效果。

發生在作物上令人高興的改變

隔離紫外線的環境不但會影響害蟲，還能讓菠菜這類收成後不耐放的蔬菜（軟弱蔬菜）生長旺盛，也有報告指出韭菜在這樣的環境中，收穫量和品質都有向上提升。在隔離紫外線的環境下，許多和作物相關的好消息如「能夠促進小黃瓜的成長，增加收穫量」、「讓番茄的初期成長順利，減少裂果發生」等，都已經爲人所知。

隨意隔離紫外線反而會帶來反效果

根據波長範圍不同，紫外線大致可以分爲三大類，從波長較長（接近可見光的部分）的部分開始可分爲UV—A（波長在320～400㎚之間）、UV—B（波長在280～320㎚之間）、UV—C（波長在15～280㎚之間）。最近幾年農業上稱爲近紫外線的防UV—A材料備受矚目。正如八十七頁所示，不同的波長範圍其適合應用的地方和作物（病蟲害）也不一樣。

例如用來隔離近紫外線的塑膠膜，對防治特定的病蟲害雖然有效，但是對於可以看見380㎚波長以上光線的椿象類和葉蟎類等，或是靠費洛蒙等其他物質來活動的昆蟲，卻幾乎沒有任何效果。而在隔離近紫外線材質下的環境，會鈍化蜜蜂的活動，因此不能導入利用蜜蜂的栽種方式。再者，草莓或茄子等含有花青素的作物，如果放在隔離近紫外線的環境裡，品質會很明顯的發生劣化。因爲隔離紫外線的波長改變的話，帶來的作用和效果也不同，因此根據利用的目的和作物種類，需要愼選遮斷紫外線的材料。

透過隔離紫外線來防治病蟲害 & 促進作物發育

使用隔離近紫外線素材的溫室栽種　（攝影：Mikado 化工股份有限公司）

隔離近紫外線的塑膠膜也有不同種類

不同波長區域的覆蓋物適合使用的環境

種類	透過波長域	近紫外線透過率	適用場合	適用作物（病蟲害）
近紫外線強調型	300nm 以上	70%以上	透過花青素的發色促進，能讓蜜蜂的活動更活躍	茄子、草莓、葡萄、蘋果、無花果、桃子、李子、中晚柑、香瓜和草莓開出的紅、紫、藍色系的花
近紫外線透過型	300nm 以上	50±10%	泛用	幾乎所有的作物
近紫外線透過抑制型	340±10mm 以上	25±10%	促進葉莖菜類的成長	韭菜、菠菜、小蕪、萵苣等
近紫外線不透過型	380nm 以上	0	病蟲害防治	稻小粒菌核病、菠菜萎縮病、蔥黑斑病、灰黴病之外，南黃薊馬、潛蠅、Nekoki 蛾、蚜蟲等

（資料來源：農文協《農業技術大系 野菜篇 第12卷》）

利用「光」與「色」來迷惑害蟲

使用黃色燈可以抑制「麻煩傢伙」的行動

有些害蟲一旦具備了藥劑抵抗性後，就成爲「農藥拿牠沒辦法」的難纏對手。像斜紋夜盜蟲、白一紋字夜蛾（甜菜夜蛾）、番茄夜蛾等夜蛾類都是典型的代表。牠們曾在一九九四年（平成六年）和九五年（平成七年）時在日本各地發生大流行，讓農家煞費苦心。「黃色燈」（防蛾燈）就是爲了對付這些難以防治害蟲的秘密武器。

夜蛾類從字面上就可以知道牠們是夜行性的昆蟲，白天裡停止活動，大部分是到了夜晚才飛到田間進行產卵等活動。知道夜蛾的這種特性後，在夜間進行照明，也就是「利用讓夜蛾產生現在還在白天的錯覺，來抑制牠們的活動」。這就是黃色燈的功用。

然而黃色燈雖然對夜蛾類的成蟲有效，對幼蟲卻起不到作用，如果是已經發生幼蟲或發現蟲卵的情形下，比較難達到防治的效果。這時就需要使用費洛蒙誘蟲器等工具，配合在病蟲害發生初期的區域使用，抓準開始進行防治工作的時間點。

然而黃色燈會吸引像椿類、蟬類、甲蟲類等喜歡往黃色光源處聚集的昆蟲，同時也有事例指出，黃色燈會造成花木類的品質下降和稻類的出穗延遲等問題，使用時需要特別留意。

此外也有報告指出，綠色、藍色和紅色光對抑制白粉病等症狀具有效果。

利用有色黏蟲板捕殺害蟲

黃色燈是利用「光」來迷惑害蟲的防治方法，但是也有一種是利用「色」來迷惑害蟲的防治方式。蚜蟲和粉蝨等會受到黃色的吸引，這時就可以使用黃色害蟲黏膠帶來對付牠們。

只要將黃色黏蟲膠帶或黏蟲紙放置在田間，就可以捕殺蚜蟲、粉蝨、薊馬和潛蠅的成蟲，方便取得是這些防蟲工具最大的魅力。雖然黃色黏蟲膠帶在溫室栽培或隔離空間的使用上頗有功效，但是卻很難應用在家庭菜園或露天栽培上。此外黏蟲板也有當植物沾上時不容易取下、沾附灰塵和容易被風吹走等缺點。

除了「黃色」還有「藍色」黏蟲板

市面上的有色黏蟲板除了黃色以外還有藍色。黃色黏蟲板會引誘蚜蟲、粉蝨、薊馬和潛蠅的成蟲，對其進行捕殺。藍色則會引誘西方花薊馬和南黃薊馬，對其進行捕殺。使用黏蟲板時別忘了配合作物的種類和用途。

利用顏色來迷惑昆蟲

特殊的反射對蚜蟲類和薊馬類害蟲有強烈的忌避效果

「色」誘昆蟲

會被有色黏蟲板吸引的昆蟲種類

黃色	粉蝨類、潛蠅類、蚜蟲類、茶黃薊馬、小夜蛾
藍色	西方花薊馬、南黃薊馬、白粉蝶

（資料來源：根本久《蔬菜 果樹 草花 庭木的疾病和害蟲》主婦之友社）

利用「熱」來防治病害

發生土壤傳染的疾病時該如何應付？

青枯病、白絹病、白紋羽病、萎凋細菌病等都是藉由「土壤」來傳染的疾病，當這種疾病發生時，病原會殘留在土中，爲了防止疾病的擴大和傳染到下一期的作物，有必要對土壤進行消毒。過去大多是使用化學性的溴甲烷或三氯硝基甲烷進行燻蒸消毒，但是因爲溴甲烷會破壞臭氧層而遭到禁用，用來作爲替代的物質也有效果不佳和傷害環境的問題存在，因此代替的方法目前仍在研究中。接下來介紹三種利用「熱」來進行的土壤消毒法。

「太陽熱消毒」

這個方法是利用太陽的熱能來提高土壤的溫度以達到消毒的目的。首先將育苗用的床土裝進聚乙烯塑料的袋子裡，然後將這些袋子並排放在容易曬到太陽，由別的塑膠材質所搭建而成的通道內，藉此來提高聚乙烯塑料袋內的土壤溫度（放置三週，可以達到相當好的消毒效果）。

在塑膠溫室的情況下，首先將生稻草20kg／10m²及石灰氮11．5kg／10m²和土壤充分混合，再淋上大量的水（約到土中50cm左右）。然後將聚乙烯膜全面覆蓋在土上，在夏季時關閉溫室一個月的時間。這麼做土壤中的溫度會上升到40～50℃上下，達到殺死病原菌的效果（同時改良土壤）。

這種土壤消毒對造成作物枯萎衰敗和根瘤線蟲等具有功效，特別是對於葫蘆科和十字花科等根較短的蔬菜具有很高的防治效果。而對於在土壤中的根部長度會延展達一公尺以上的番茄或青椒來說，效果不如前者。

此外，因爲這種方式只能使用於夏天，因此不能使用在夏作的植物上，在北海道等平均氣溫不高的地區也較難實施。

「熱水消毒」和「燒土消毒」

「熱水消毒」是將熱水澆灌到土中來消滅病原菌的消毒法。在田地土壤深約30cm爲止處澆灌90℃以上的熱水，可以降低土壤中病原菌的密度。如果是小面積的田地，可以利用水壺或盆子來執行熱水消毒，這麼做不但有效且無須另外使用藥劑來消毒。如果田地面積廣闊需要大量的熱水時，就要使用移動式鍋爐了，因此「熱水消毒」較不適用於廣大的田地。

利用鐵板烤土的「燒土消毒」很適合用來對育苗床的土壤進行消毒。將厚層的土壤堆放在鐵板上（不要超過20cm）後，蓋上淋溼的草蓆。在土壤中央放進一顆約拳頭大小的馬鈴薯，等到馬鈴薯差不多可以食用的程度時，消毒就算完成了。

利用「熱」的三種土壤消毒法

① 太陽熱消毒

利用太陽的熱度

② 熱水消毒

澆灌熱水

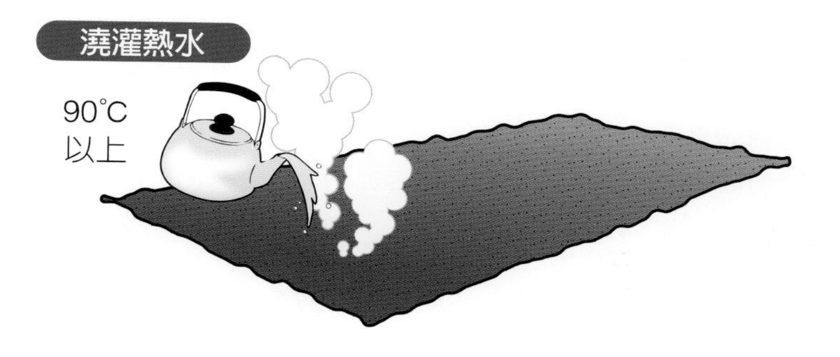

③ 燒土消毒

烤土

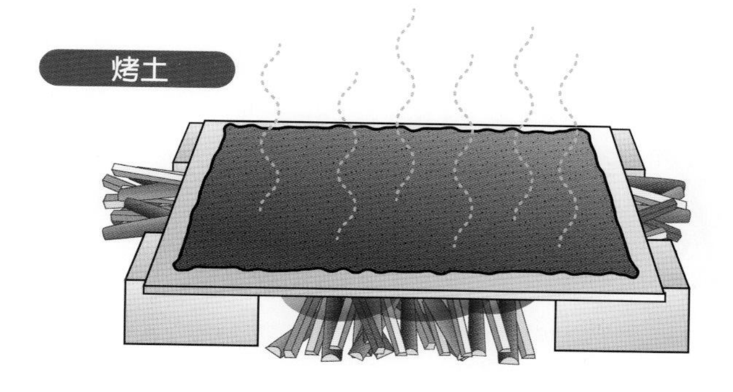

最「火熱」的防治方法！?

●運用「休克療法」來防治病蟲害

「休克療法」（shock therapy）是一種將刺激加在生物體上，以達到治療目的的療法。在人類社會中，這種療法自古以來就被應用在治療精神疾病上。雖然這種治療法現在較少耳聞了，但就算不是醫療相關人員，還是有許多人都知道「電療法」。

雖然內容和「休克療法」不太一樣，不過近年來有人發現，如果對蔬菜進行「熱療法」（熱休克）的話，有可能成爲發現「系統性誘導抗病」（即透過不同的人爲方式對植物進行刺激，讓作物體全身獲得對抗疾病的抵抗力）的契機，並可將它應用在預防作物的疾病上。

當作物被病原菌感染時，作物的體內會開始合成水楊酸，這種物質能促進作物合成出不同且與抵抗性相關的蛋白質（病程相關蛋白質）。這種性質若是要由人爲的方式來誘發的話，需要藉助「熱療法」才行。例如在小黃瓜的苗上淋溫水的話，水楊酸的濃度就會急遽上升，這麼一來就可以找到病程相關蛋白質的基因了。

神奈川縣農業綜合研究所利用這種方式進行實驗，透過暫時封閉所內農園的方法，讓室內的溫度升高至45℃（高溫處理）的高溫，這麼做對抑制小黃瓜的病蟲害具有相當有效的效果。

●應用廣泛的「高溫處理」

現在「高溫處理」已經開始被日本全國各地的溫室栽培採用了。除了小黃瓜以外，對茄子的薊馬和粉蝨、韭菜上的白斑葉枯病（灰黴病）和薊馬、菊花的白黴病和白菜上的白菜蟎等都具有功效。

農業上採用高溫處理的時間還不長，仍有許多未知的領域有待開拓，作爲不依賴農藥的新型防治方式，「熱療法」受到來自各方的「熱」切關注。

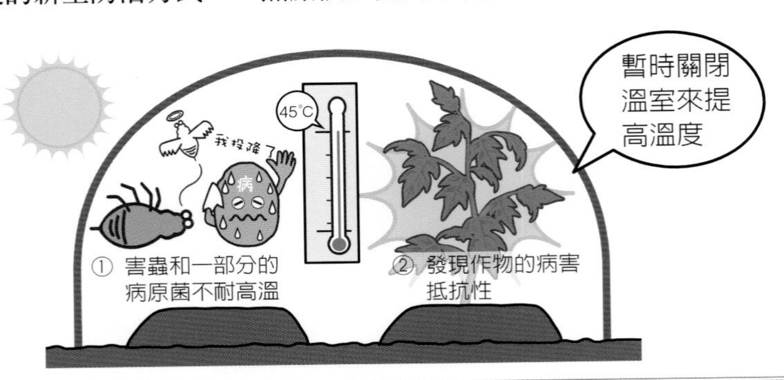

第 8 章

不只依賴化學農藥的防治法
②生物性防治

利用天敵的基本方式

作物不同天敵也不一樣

在農地裡以捕食害蟲爲生的昆蟲（節足動物）或微生物稱之爲「天敵」。利用天敵來防治害蟲的方法稱爲「天敵利用」。

例如瓢蟲和食蚜蠅的幼蟲會捕食蚜蟲，是對作物有益的天敵。此外蜘蛛類和步行蟲類等，也是有益的天敵，會捕食侵害高麗菜、白菜、青花菜和萵苣等葉菜類葉片的甘藍夜蛾和番茄夜蛾。姬花蝽和三色瓢蟲以啃食茄子等果菜類的害蟲如蚜蟲類、薊馬類、粉蝨類、葉蟎類爲食，當然也屬於有益的天敵。

在直接捕食害蟲的捕食蟲之外，有的寄生蟲會進入害蟲體內，從內部將害蟲逼上絕路，這類寄生蟲（寄生蜂、寄生蠅）也屬於天敵之列。不論是哪一種天敵，在對付害蟲上都表現得非常活躍，如果能夠善加利用牠們，不但可以降低防治上的麻煩，還可以節省殺蟲劑的使用。

有點熟又不太熟——天敵的長相

想要有效利用天敵，最重要的是先認識牠們。雖說是天敵，但是牠們從外觀上來看還是「蟲」，如果無法分辨清楚，極有可能將牠們誤認爲是害蟲。事實上還有不少家庭菜園的愛好者會捕殺瓢蟲和食蚜蠅的幼蟲。

下一頁介紹的是一些容易和害蟲搞混的天敵。好好記住天敵的長相，當田地裡出現許多天敵時盡量減少農藥的噴灑，在定植作物幼苗的時候用混入粒劑的方式取代噴灑殺蟲劑（粒劑只對蚜蟲、青蟲、薊馬等害蟲發生作用，對天敵不會造成危害），以保護天敵。

天敵也被登錄在農藥上

有些天敵被登錄爲「農藥」在市場上販售，在一些溫室栽培農家之間已經開始使用。例如放入異色瓢蟲成蟲的「Namitop 20（藥品名稱）」（Catch・agri・system 公司製造）就登錄爲用來防治對蔬菜（室內栽培）造成危害的蚜蟲的有效天敵農藥。

在利用天敵農藥時，需要抓準放養天敵的時間點。以使用「Namitop 20」爲例，當在室內發現蚜蟲的聚落時，就要趕緊在聚落附近放養異色瓢蟲。因此日常的觀察相當重要。

此外，天敵農藥在露天栽種的旱田裡起不到作用，因此露天的旱田和家庭菜園裡更加需要保護土著天敵才行。

不容易和害蟲做出區分的天敵

瓢蟲
茄二十八星瓢蟲和瓢蟲的成蟲長得很相似，分辨的重點在於「光澤」的有無（瓢蟲有光澤）。此外茄二十八星瓢蟲只會出現在茄子、番茄上（只有極少數的特例發生在小黃瓜上），瓢蟲則可見於所有的蔬菜、花、樹木上。幼蟲呈灰色，帶有橙色的斑紋。

食蚜蠅
幼蟲為白色至淡褐色的蛆，可見於蚜蟲的集團內。成蟲後在腹部有黃色的條狀花紋，可見於花朵上。

花蝽
幼蟲的長度為 2 ～ 3mm，身體呈黃褐色具有光澤，成蟲為暗褐色的小型蝽象。會捕食蚜蟲和薊馬（照片為南方小花蝽）。

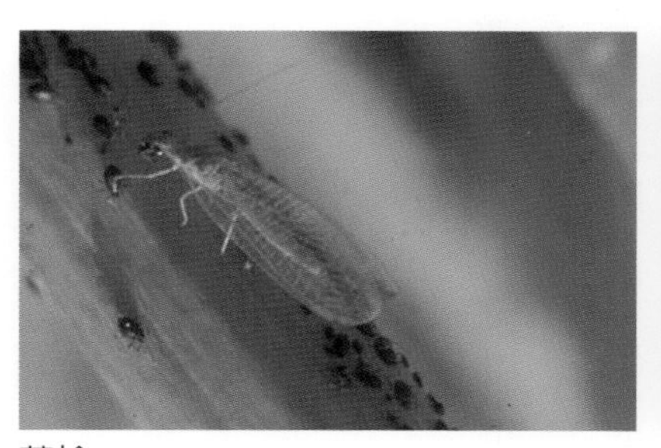

草蛉
身體上付有淡綠色柔軟的翅膀，平常待在葉子上，偶而會接近有燈火的地方。成蟲和幼蟲會捕食蚜蟲（照片為四星草蛉）。

環斑猛獵蝽
黑色的椿象。會吸食椿象、蝶、蛾幼蟲的體液，造成這些幼蟲的死亡。用手觸摸的話會有被刺到的可能，需要小心。
（攝影：日本植物防疫協會）

蚜繭蜂
蚜繭蜂的幼蟲會侵食蚜蟲的身體內部，之後在蚜蟲的背上開一個洞，成蟲的蜂再從那個洞口飛到外面（在蚜蟲的集團裡，有時會看到褐色已成木乃伊狀的蚜蟲混在群體中，這些就是被蚜繭蜂幼蟲吞食的個體）。
（攝影：日本植物防疫協會）

該如何善用害蟲的天敵？

如果天敵都不見了……

美國在二戰後的某一時期，爲了防治吹綿介殼蟲而使用DDT來除蟲，結果受害程度不但加劇，而且柑橘類產業幾乎遭到毀滅性的打擊（在那之後不再噴灑DDT，期待靠天敵的方式來解決害蟲後，問題反而得到了解決）。這個故事相當有名，像這樣靠噴灑農藥反而造成害蟲增加的例子其實並不少見。

最主要的理由是，拿對殺蟲劑適應力強的害蟲和對殺蟲劑適應力弱的害蟲相比，我們已經知道前者的競爭力（適應能力）較差。如果不使用殺蟲劑，對殺蟲劑適應力較弱的害蟲就會增加，這麼一來競爭力較低，卻對殺蟲劑適應力強的害蟲個數就不會成長。另一方面，如果使用DDT這種將害蟲和天敵一網打盡的農藥，對殺蟲劑適應弱的害蟲和天敵就會死亡，只有對殺蟲劑適應強的害蟲能夠存活下來。如此一來對殺蟲劑適應強的害蟲就可以在沒有任何阻撓的環境下大量的繁殖。

爲了不讓這種慘事發生，就需要善用害蟲的天敵。

對天敵友善的農藥使用方式

想要善用害蟲的天敵，首先要避開使用將害蟲和天敵全部殺光的殺蟲劑，然後改用對天敵影響較少的類型。如果我們使用農藥時，毫不考慮對天敵會造成什麼影響，等到需要天敵來幫忙時，才希望牠能立刻出現，天底下沒有這麼便宜的事情。根據害蟲的種類不同，我們選用的殺蟲劑會不一樣，同樣的，殺蟲劑對天敵帶來的影響也會因天敵的種類而改變。下一頁表上標示的是對天敵是否友善的農藥基準，希望能做爲讀者選擇農藥時的參考。

提供天敵住處和食物

想要善用害蟲的天敵還有一點需要注意，那就是記得在田地的周邊打造天敵的住處和提供牠們食物。利用天敵來做防治的必要條件是，天敵必須在田地裡生息，因此農人需要爲牠們提供住處和食物才行。

在英國的農場上，在廣袤的田地周圍會種上綠籬，這道綠籬（又稱作 banker crop）會成爲天敵和一些珍貴蝶類的棲息地。效仿英國的作法，日本也在果菜類等的田地周邊，種上籬笆狀的凹玉米（飼料用玉蜀黍）和高粱，來增加天敵的食物。此外還會採用活著的覆蓋物的方式，在田邊種植多花粉類的花草，讓果菜類、果樹和玫瑰花的地面不會直接暴露在外。

使用對天敵友善的農藥

對天敵友善的農藥使用基準

天敵群組	農藥種類：殺蟲、殺蟎劑																				
	丙二醇硬脂酸酯乳劑	克福隆乳劑	因滅丁乳劑	氟尼胺粒狀可溼性粉劑	還原澱粉糖化物	BT蘇力菌粒狀可溼性粉劑	芬佈賜可溼性粉刺	油酸鈉液劑	氟芬隆乳劑	密滅汀乳劑·可溼性粉劑	BT蘇力菌顆粒可溼性粉劑	賽芬蟎細粒劑	派滅淨粒狀可溼性粉劑	BT粒狀可溼性粉劑	合賽多可溼性粉劑	黏著劑	伏蟲隆乳劑	三氟甲吡醚	祿芬隆乳劑	亞滅培水溶劑	亞滅培粒劑
異色瓢蟲	○	—	×	○	○	○	○	○	Δ	Δ	○	—	○	○	Δ	Δ	Δ	○	○	×	×
姬花蝽	○	×	×	○	○	○	○	○	×	○	○	○	○	○	○	○	○	○	×	×	×
植綏蟎	○	○	×	○	○	○	○	○	○	○	○	○	○	○	○	○	○	○	○	○	○
草蛉	○	—	×	—	○	○	○	○	○	○	○	○	○	○	○	○	×	○	○	—	—
蜘蛛	○	○	○	○	○	○	○	○	○	○	○	○	○	○	○	○	○	○	○	○	○
粗脊蚜繭蜂	○	—	×	○	○	○	○	○	○	○	○	○	○	○	○	○	○	○	—	○	○
潛蠅姬小蜂	○	—	×	○	○	○	○	○	○	○	○	—	○	○	○	○	○	○	—	×	×
麗蚜小蜂	○	○	×	○	○	○	○	○	○	○	○	○	○	○	○	○	○	○	○	×	—
蜜蜂	○	○	○	—	○	○	○	○	○	○	○	○	○	○	○	○	○	○	○	○	○

天敵群組	農藥種類：殺菌劑												
	亞托敏可溼性粉劑	蓋普丹可溼性粉劑	碳酸氫鉀	賽氟寧乳劑	脂肪酸甘油酯乳劑	撲滅寧可溼性粉劑	TPN可溼性粉劑	甲基多保淨可溼性粉劑	氟菌唑可溼性粉劑	比多農可溼性粉劑	邁克尼芬乳劑·可溼性粉劑	芬瑞莫可溼性粉劑	依普同可溼性粉劑
異色瓢蟲	—	○	Δ	Δ	○	Δ	Δ	—	Δ	Δ	—	Δ	Δ
姬花蝽	—	○	—	○	○	○	○	○	○	○	○	○	○
植綏蟎	—	○	○	×	○	○	○	○	×	○	○	○	○
草蛉	—	○	○	○	○	○	○	○	○	○	—	○	○
蜘蛛	○	○	○	○	○	○	○	○	○	○	○	○	○
粗脊蚜繭蜂	—	—	—	○	○	○	○	○	○	○	○	○	○
潛蠅姬小蜂	○	○	○	○	○	○	○	○	○	○	○	○	○
麗蚜小蜂	○	○	○	Δ	○	○	○	○	○	○	—	○	○
蜜蜂	○	○	○	○	○	○	○	○	○	○	○	○	○

*從各廠商和各縣中，對蜜蜂的影響不滿兩天的藥劑之中，選出特定的藥劑後製成表格。
○：影響很小、Δ：有些微影響、—：沒有資料、F：水懸劑、DF：乾懸浮劑
使用各種藥劑時，請參照容器上標示的注意事項。

（資料來源：根本久《蔬菜 果樹 草花 庭木的疾病和害蟲》主婦之友社）

讓天敵住在自己的田裡來擊退害蟲

在茄子田周邊種上高粱作為綠蘺作物（banker crop）

活用微生物來防治病原菌

增加土壤中的有用微生物

土壤中存在著許多會從根部入侵，造成蔬菜枯萎的病原菌。這些病原菌中，有些卻能增加一樣是生存在土壤裡的有用微生物的數量，進而抑制疾病的發生。

例如將蟹殼中含有的幾丁質（chitin，即俗稱的甲殼素）以粉狀混入土壤之後，以幾丁質爲養分維生的放線菌等微生物就會增加，增殖的放線菌所產生的抗生物質，可以阻礙土壤病害中最具代表性的鐮孢菌屬（fusarium）的成長（因爲菌類的細胞壁由幾丁質所構成，因此具有阻礙的效果）。此外，還可以預防萎凋和萎縮等疾病的發生。

這個方法尤其對菜豆的根腐病和白蘿蔔的萎黃病具有功效，然而此法也不是對所有由鐮孢菌屬所帶來的疾病都有預防的效果。

使用市面上販售的微生物可靠嗎？

活用微生物進行病害防除從過去就受到重視，世界各國皆不遺餘力的在找尋阻礙病原菌生長的拮抗微生物，並朝著實用化的方向努力進行研究。

然而在實驗室或容器試驗中雖然有效，很多時候拿到田地裡卻無法發揮出相同的功效。

雖然市售用在蔬菜栽培上，有用的微生物肥料都打著「能讓蔬菜的產量直線增加」的口號，但是事實上結果並非放諸四海皆準。

「非病原性菌」的將來備受期待

有些土壤中的病原菌雖然會侵入蔬菜體內，卻不會造成任何危害。鐮孢菌屬中也有從根部侵入作物體內後，只是在該部位生存，卻沒有帶來傷害的種類。這種菌稱作「非病原性鐮孢菌屬」。

「非病原性鐮孢菌屬」的細菌非但不會帶來危害，如果當它在蔬菜還處於苗的階段時，定著在植物細部區域的話，還能在它體內發現可以用來對抗其他病原菌的抵抗性。利用這種特性可以防治番薯的黃葉病已經爲人所知，這是實用化的成功例子。

利用「非病原性鐮孢菌屬」的防治方式（交叉防禦反應防治），對於將來實際應用在不同蔬菜的疾病上備受期待。此外，也有把乳酸菌當作生物農藥來使用的例子。

使用蟹殼（幾丁質）的效果卓著

使用幾丁質（蟹殼）後，微生物的數量比較

菌的種類	土讓1公克所含菌數（×1000）		生體量（kg/10a）
	無施用	施用幾丁質	
絲狀真菌	35	21	減少
放線菌	130	3500	增加
細菌	800	1200	增加
具有幾丁質分解酵素的微生物	1000	5600	增加
溶解鐮孢菌屬引起的微生物	20	50	增加

【米謝爾，1962年】

蟹殼

使用性費洛蒙

合成性費洛蒙的構造

利用雄性被雌性吸引的習性，運用化學方法合成出雌性氣味的就是「合成性費洛蒙劑」。

在日間活動的動物，爲了尋找能夠傳宗接代的對象，常會利用身體、羽毛的顏色和外貌等視覺的訊息。但是在夜間活動的夜蛾類，因爲沒有太陽光所以無法使用視覺類的訊息，因此大多數的雌性成蟲透過散布有氣味的物質（性費洛蒙）讓雄性成蟲對氣味產生反應，找到雌性的居所。性費洛蒙依據昆蟲的種類不同，其構成成分和成分的比例也不一樣，靠著不同的性費洛蒙，雄性才能順利的找到和自己同種的雌性。

合成性費洛蒙劑藉由破壞這種機制來降低害蟲的交配率，是減少下一代害蟲發生的防治法。

「大量誘殺法」和「交配干擾法」

利用合成性費洛蒙劑的防治法有「大量誘殺法」和「交配干擾法」兩種。

「大量誘殺法」是利用合成性費洛蒙劑的特性來大量誘捕雄性成蟲，以降低交配機率的方法。

「交配干擾法」則是透過將合成性費洛蒙充斥在特定空間中，讓雄性成蟲不知道雌性成蟲究竟身處何處，使雌雄兩方無法相遇，以達到阻礙交配行爲發生的的方法。

利用性費洛蒙的優缺點

合成性費洛蒙劑因爲不會直接噴灑在作物上，是一種對天敵和生態系沒有不良影響的防治手段，備受各方關注。而且它對於已對殺蟲劑產生抵抗性的難防除害蟲同樣有效，眞是一種「對作物和環境都沒有負擔的殺蟲劑」。

然而，因爲性費洛蒙依據害蟲的種類不同也有所差異，單一性費洛蒙不可能對所有的害蟲都有效，使用範圍是有限制的。

此外，就算在小面積的田地裡使用此法，在使用地區之外已經完成交配的雌性成蟲，一樣有很高的機率會飛到田地裡來產卵。加上小面積的田地只要一有風吹過，性費洛蒙成分就會被吹散到周邊地區，很難維持成分的濃度。

在1000 m^2以上的大面積農地中各處放置合成性費洛蒙劑，可以發揮出不錯的防治效果，但是在小面積的田地或家庭菜園中則無用武之地。

利用性費洛蒙吸引雄性蟲

遭到性費洛蒙誘蟲器捕殺的斜紋夜盜雄性成蟲

合成性費洛蒙劑的種類和用途

用於蔬菜的費洛蒙劑

	商品名稱	對象害蟲	適用作物
交配干擾法	Diamolure	小菜蛾番茄夜蛾	油菜科蔬菜等加害作物、全體加害作物
	合成費洛蒙	白一紋字夜蛾	蔥、豌豆等各種蔬菜、全體加害作物
大量誘殺法	性費洛蒙誘引劑	斜紋夜盜蟲	油菜科蔬菜等加害作物、茄科蔬菜、草莓、胡蘿蔔、萵苣、蓮藕、豆類、塊莖類、蔥類等作物
	甘藷蠖誘捕劑	甘薯小象甲	番薯

在水田裡放養合鴨

水田和合鴨的深厚關係

應用在日本水田裡的合鴨農法有著悠久的歷史，早在四百多年以前的安土桃山時代，豐臣秀吉就曾獎勵在水田裡飼養鴨子的農法，隨後這種農法以關東地區爲中心，傳承直到第二次世界大戰結束以後。

隨著農業的近代化，昭和三〇年代（一九五五～六四年）以後這種工作方式逐漸式微，然而到了昭和六〇年代（一九八五～八九年）以後，消費者追求「安心、安全」的消費趨勢，以及農家爲了顧及自身的身體健康和提高稻作收入所得，當兩方的需求取得一致後，這種農法再次成爲寵兒。原爲古典農法的合鴨農法，它的形象在往「無農藥」、「有機栽培」等先進農法的過程中發生轉變，讓它直到現在還隨處可見於日本的水稻種植上。

合鴨是除草和驅除害蟲的大內高手

合鴨對水稻田來說最重要的地方莫過於牠們旺盛的食慾了。牠們在水稻田中的除草效果正如下一頁的圖表所示，合鴨的功效遠遠大於慣行的農藥散布區域。合鴨不只會吃水田裡的雜草，牠們的腳還會將田裡雜草的根攪動上來使其浮在水面上，然後吃掉它們以達到除草的作用，這種方式帶來的效果非常卓著。

在驅除害蟲上合鴨一樣發揮出令人讚嘆的實力。特別是驅除浮塵子類等害蟲的效果，在放養合鴨的水田前半期表現得特別明顯。如同下一頁的圖表所示，說合鴨是福壽螺的剋星也不爲過。

對雛鴨來說田間的害蟲都是牠們發育時期重要的蛋白質來源，因此牠們對昆蟲類的食慾相當旺盛，沒有什麼比雛鴨能帶來更強大的防蟲效果了。

合鴨的潛力仍待進一步開發

合鴨對水田帶來的恩惠可不只除草和驅除害蟲而已，牠們的排泄物，以及攪動水田內泥土的動作，都具有促進稻作生長的效果。這幾年日本的農家逐漸高齡化，合鴨帶來減輕勞動力的負擔也成爲注目的焦點。

再加上合鴨的群體性極強，無論到哪裡通常都是集體行動不會特立獨行，對人類來說這種特性非常易於管理。這一點應該是合鴨成爲最適合被應用於放養在水田裡的動物農法的原因吧。

此外，包含合鴨在內的家鴨類從卵孵出來以後，具有會將第一眼看到會動的物體當作自己的母親（印痕）的習性。掌握這種特性，就能養育出親近人類的合鴨，在管理上也會輕鬆許多。

古老卻新穎的「合鴨農法」

在水田裡游泳的合鴨

合鴨的巨大功效！

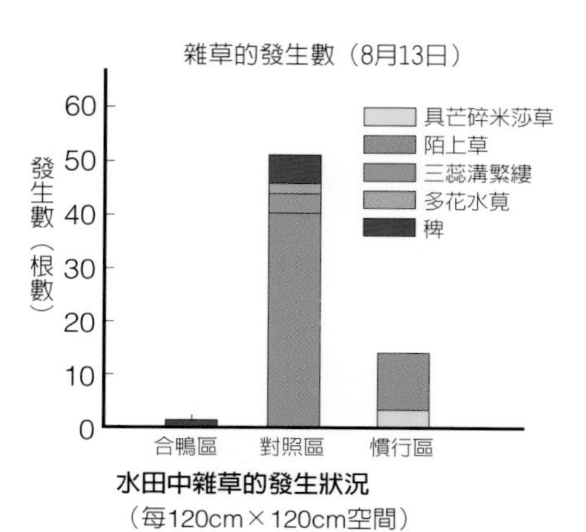

水田中雜草的發生狀況
（每120cm×120cm空間）

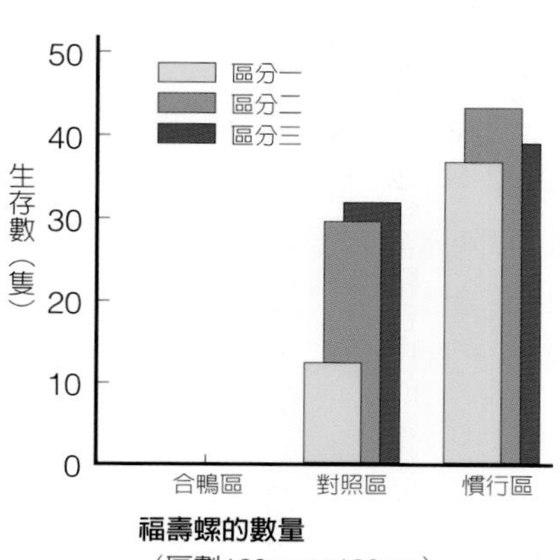

福壽螺的數量
（區劃120cm×120cm）

（鹿兒島大學農學系試驗成績，1991年）

拿使用合鴨的區域和沒有使用合鴨的對照區，以及使用除草劑的慣行區做比較，可以知道合鴨對抑制雜草發生相當具有功效。

最新的雜草防治技術

●新世代除草用機器「合鴨機器人」

雖然大家都知道合鴨是水田裡的好幫手，但實際應用「合鴨農法」時所需要花費的功夫和費用都是個不小的門檻。因此現在像合鴨一樣具有除草效果的「除草機器人」或稱爲「合鴨機器人」的研發已經在進行中了。

但是說實在的，這台機器人的外觀和可愛的鴨子實在很難聯想在一起（請見照片），或許很多人心裡會覺得「它到底哪裡像合鴨了」？先別急著以貌取人，這部機器厲害的不在它的外觀，而是它的「動作」。

合鴨不只會吃雜草，牠的腳還會攪動泥土（讓田裡的水變混濁），阻礙雜草進行光合作用。要如何複製合鴨的動作，研發人員花了十年多的時間，經過了不斷的反覆試驗之後，才終於打造出這部「集大成」的合鴨機器人。

●將機器人應用在水田裡的日子近了嗎？

合鴨機器人的長、寬、高皆爲50cm，重量約爲12kg。機器人身上裝設的攝影機能夠識別稻苗，有如推土機履帶的足部能跨過一列列的稻子自動行走，對雜草進行輾壓，揚起水中的泥土。機器人使用電池，每一次充電完成後約可除草三個小時（相當於30a）。一台的價格設定落在三十至五十萬日圓之間。

目前合鴨機器人正朝向實用化進行實驗和檢證，在二〇一五年（平成二十七年）六月進行的實證檢驗中，岡山縣東備農業普及指導中心（和氣町）的環境保全型農業生產技術公開圃場指定下，當地二十位農民見證了合鴨機器人濺起陣陣水花，穩定的在田裡移動。

或許合鴨機器人在水田中除草的景象，即將成爲日本田園風光中令人熟悉的風景，也說不定呢。

農機具製造商 Minoru 產業（位於岡山縣赤磐市）和岐阜縣情報技術研究所共同開發的「合鴨機器人」

第 9 章

不只依賴化學農藥的防治法 ③耕種性防治

抵抗性品種和嫁接的活用

何謂「抵抗性品種」

我想許多人都在種子的袋子或標籤上看過「ＣＲ○○」或「ＹＲ○○」的文字吧，這些是被稱作「抵抗性品種」的作物品種。

所謂抵抗性品種指的是，它們體內具有比較不容易罹患某種疾病，或較不會受到特定昆蟲攻擊的特性。就算是同一種種類的作物，對病蟲害的抵抗程度也會因品種而不同。選擇抵抗性較強的品種進行育苗，是進入二十世紀以後才開始出現的。

文章開頭的「ＣＲ○○」中的ＣＲ指的是，對根瘤病（Clubroot）有抵抗性（Resistance），ＹＲ則是對萎黃病（Yellows）有抵抗性的意思。

奇蹟般避開了受害的例子

藉由品種變更奇蹟般避開了受害的例子，可以舉出日本栗的板栗癭蜂抵抗性品種來作說明。日本栗到一九五五年（昭和三〇年）爲止深受板栗癭蜂的危害，造成收穫銳減，但是隨著「筑波」和「丹澤」等抵抗性品種的育成和普及，這種災害已獲得大幅度的改善。

現在稻米、小黃瓜、香瓜、西瓜、番茄、蕪菁、高麗菜、白蘿蔔、白菜、綠花椰、淹漬用葉菜、洋蔥、紅蘿蔔、菠菜、萵苣、草莓、馬鈴薯、康乃馨、鬱金香和松等，都在培育能夠對抗多樣病蟲害的抵抗性品種。

在果樹和果菜類行之有年的「嫁接」

果樹和果菜類能透過嫁接育苗的方式，來增加植物對於疾病的抵抗能力。例如發生在小黃瓜和西瓜等葫蘆科作物上的黃萎病，雖然很難用農藥來根除，但是若能使用南瓜或扁蒲等作爲砧木來嫁接，則可以免除發病的危機。

這項技術在日本的應用已經超過了四十多年，當今出現在日本人餐桌上的小黃瓜，絕大多數都是以南瓜爲砧木，經過嫁接後收成的。

此外，使用免疫性砧木來防治根瘤蚜（Phylloxera）也是衆所周知的方式。

另外，嫁接不但有砧木及穗木（譯註：用於嫁接時使用的枝）間的相合（親和性）關係，不同的砧木在耐暑性、草勢、低溫伸長性上也不一樣，因此需要選擇配合栽培時期和土地的品項。

抵抗性品種 & 抵抗性砧木的利用案例

使用抵抗性品種

作物名	病蟲害抵抗性、耐病性的對象病蟲害	備考
小黃瓜	露菌病、白粉病、褐斑病、斑點細菌病、灰黴病、病毒性疾病等	有不同草勢（譯註：植物莖葉生長的樣態）特性的品種。可參考 Tokiwa、瀧井、久留米等公司的產品。
香瓜	蔓枯病、白粉病	可參考坂田、瀧井等公司的商品。
西瓜	蔓枯病	可參考 Mikado 協和等公司的商品。
番茄（大）	青枯病、半身萎凋病、萎凋病、根腐萎凋病、葉黴病、斑點病、番茄黃化捲葉病、菸草鑲嵌病毒、根腐線蟲	可參考坂田、瀧井、Kaneko 等公司的商品。
番茄（中）	半身萎凋病、萎凋病、葉黴病、根腐萎凋斑點病、菸草鑲嵌病毒、根腐線蟲	可參考阪田、瀧井等公司的商品。
迷你番茄	半身萎凋病、萎凋病、葉黴病、斑點病、番茄黃化捲葉病、菸草鑲嵌病毒、根腐線蟲	可參考 Tokita、坂田、瀧井等公司的商品。
高麗菜	萎黃病、黑腐病、根瘤病、菌核病等	坂田、金子、瀧井石井育種等公司販賣品種名後有 YR 字樣的品種。
青花菜	根瘤病、萎黃病、黑腐病、露菌病、花蕾腐敗病（譯註：由邊緣假單胞菌、淺綠黃假單胞菌、綠膿桿菌和歐文氏菌胡蘿卜亞種所引起）（耐病性）	可選購名稱語尾有「〇〇もり（mori）」的品種。
白菜	根瘤病、萎黃病、病毒性疾病、軟腐病、露菌病、白銹病（耐病性）	其他還有早、晚生等不同種類。
蕪菁	根瘤病病毒性疾病	
油菜	根瘤病	有些品種在品種名後有 CR 字樣。
白蘿蔔	萎黃病、病毒性疾病、軟腐病、根腐病、白銹病	請參考坂田、瀧井、Mikado 協和等公司。
洋蔥	在型錄上有記載耐病性	有極早生至晚生的品種。坂田、瀧井、Mikado 協和、七寶等公司有販賣。
紅蘿蔔	黑葉枯病、紅蘿蔔斑點腐病、黑斑病（耐病性）	坂田、Kaneko、瀧井、Tohoku、Mikado 協和等公司有販賣品種名後有 YR 字樣的品種。
菠菜	露菌病、萎凋病、立枯病	另有耐暑性和耐寒性的品種。
茼苣	根腐病、腐敗病、茼苣巨脈病、斑點細菌病、露菌病、菌核病、灰黴病、鑲嵌病	另有早、晚生和耐寒性的品種。
馬鈴薯	青枯病、褐色心腐病、瘡痂病、粉狀瘡痂病	

依據品種不同對病蟲害的抵抗性組合也不同，購買種子時請向種苗店諮詢。

（資料來源：根本久《蔬菜 果樹 草花 庭木的疾病和害蟲》主婦之友社）

使用抵抗性砧木

穗木	病蟲害抵抗性、耐病性的對象病蟲害	備考
小黃瓜	白粉病、急性萎凋病、根腐病	南瓜和刺果瓜等的砧木，具有不起霜耐暑性耐寒性和草勢等特性。可參考 Tokiwa、Takii、久留米等公司的商品。
香瓜	黃葉病、白粉病	南瓜、共砧（譯註：接枝時和穗同種類的砧木）、冬瓜等砧木，有低溫伸長性的品種。
西瓜	黃葉病	Mikado 協和公司有販賣瓠子、南瓜、共台、冬瓜等的砧木。
茄子	青枯病、半身萎凋病、半枯病、根瘤線蟲	請參考坂田、瀧井等公司的商品。
番茄	青枯病、半身萎凋病、半枯病、根瘤線蟲	對付番茄黃化捲葉病穗木和砧木都要有抵抗性。具有草勢特性的品種，請參考坂田、瀧井、Kaneko 等公司的商品。

（資料來源：根本久《蔬菜 果樹 草花 庭木的疾病和害蟲》主婦之友社）

共生植物的混作與雜作

代表性的共生植物（Companion Plants）

蔥和韭菜是日本代表性的共生植物（也稱作共榮作物，比起單獨栽種，將作物和共榮作物一起種植，在防治病蟲害上可以收到很好的效果）。

蔥的混種早在三百多年前，在日本栃木縣扁蒲（乾葫蘆干）的栽培區域，以「為了避免連作障礙」為由開始採用，是一種傳統的防治方式。雖然關於這種農法在當時並沒有科學的實證，但隨著時代的推移，現代人已經知道，會被蔥類根部分泌出來的物質吸引而群聚的微生物，具有抑制引起連作障礙病原菌的功效。「前人的智慧」搖身一變成為「前沿的技術」，如今這種農法備受外界矚目。

蔥和韭菜不只和扁蒲一起種植能產生效果，對於香瓜、小黃瓜、西瓜、南瓜等瓜類，以及番茄、草莓、菠菜等作物容易碰到的土壤病害也有功效，並且已經應用在日本全國各地。目前在北海道西瓜和香瓜的產地，和蔥一起混植已經成為「基本常識」了。

和蔥、韭菜相性不佳的作物

然而並非所有的作物都適合和蔥及韭菜混植在一起，白蘿蔔、萵苣和它們的相性就很差。

如果將白蘿蔔和蔥、韭菜混植（輪作）的話，白蘿蔔的根部（也就是收成的部分）會發生分枝的現象。將萵苣拿來和蔥、韭菜混植（輪作）的話，不但達不到疾病的防治效果，還會發生葉子黃化和生育不良的狀況，妨礙萵苣的結球。

像是蘭花類等觀賞葉植物，則是根本無法和蔥及韭菜混種在一起。

認識更多有效的共生植物

優秀的共生植物可不只蔥和韭菜而已。

例如麥子和玉米等體型高大的植物，在防治由蚜蟲為媒介傳染的病毒性疾病時很有效果。將麥子或玉米種在蔬菜之間，蚜蟲會寄生在這些比蔬菜高大的植物上，因此可以減少將病毒傳染給蔬菜的機會。

此外，如果在發生根瘤線蟲災情的田地裡種植豆料野百合屬菽麻和農吉利，或是在根腐線蟲肆虐的區域種上法國萬壽菊等能夠產生對抗物質的植物，就可以減輕受害的程度。要注意的是，如果把組合搞錯就收不到任何效果了。

隨處可見蔥、韭菜的混植

共和町為北海道裡著名的西瓜和香瓜的產地，町內有一百五十公頃的土地執行西瓜和蔥的混植

使用萬壽菊對付線蟲

萬壽菊擁有「三聯噻吩」這種可以除掉根腐線蟲的物質，因此可以在田裡種植萬壽菊來對付根腐線蟲

以輪作的方式防止連作障礙

發生連作障礙的原因

同一種或同科的蔬菜，在相同的土地連續幾年持續栽種的話就會發生「連作障礙」，主要的原因有以下三點。

①土壤病蟲害（病害微生物）：經過連作的土壤中容易增生特定的細菌、病毒和害蟲。

②土壤的物理和化學性質惡化所引發的生理障礙：因爲植物會從土壤裡吸收成長過程中需要的養分，經過連作後的土壤裡植物所需的養分逐漸減少，導致植物在發育上發生欠損障礙，相反的對植物來說不必要的元素積累過多的話，則會引起過剩障礙。

③分泌成長阻礙物質：植物的根和葉子在很多時候，也會分泌對自身有害的物質，如果又碰上連作的話，這些有害物質會大量累積在土壤中。

輪作時請注意作物的「科」別

透過輪作親緣關係較遠的蔬菜，可以減輕連作障礙帶來的危害。但是因爲病原體壽命的長短因種類而異，休耕期間（譯註：作物栽培中間的時間間隔）也會因蔬菜種類而有所不同。番茄、茄子、西瓜等需要六年以上；白菜、馬鈴薯、菜豆等需要兩年以上；小黃瓜、高麗菜等需要一年以上的休耕期間（如果蔬菜是在成長到一定程度之後才發生凋萎或枯死的現象，就需要七至八年左右的時間，暫時停止種植相同類型的蔬菜）。

還有一點要注意的是，就算栽種的蔬菜不同，例如像番茄（茄科）、青椒（茄科）、馬鈴薯（茄科）這樣的順序，因爲它們都屬於相同的「科」，因此也會發生連作障礙。進行輪作時，記住作物的「科」也很重要。

合理的輪作基本型態爲「禾本科作物」→「豆科作物」→「根菜類」的順序。禾本科作物能夠還原豐富的有機物，具有增強地力的性質。豆科植物透過固定氮的方式，增加土壤中的含氮量。當收獲根菜類時因爲需要深掘土壤，因此可以起到深耕的作用。

「田畑輪換」也有效果

（譯著：「畑」爲日本的和制漢字，爲旱田的意思）

日本過去在農田進行水田和種植複種作物旱田的切換，這種方法對於抑制疾病、蟲害、雜草的發生頗有成效。

水田和旱田進行數年一次的轉換稱作田畑輪換，當水田轉爲旱田時，乾燥能夠抑制水生和溼生雜草的發芽（乾生雜草的種子本來就很少，因此不會發生）。當旱田轉爲水田時，也同樣能夠達到抑制雜草的功效。

不同的蔬菜所需要的休耕期間

主要作物的休耕年數

栽種需要的間隔時間	主要的蔬菜種類
較少發生連作障礙（隔年也可以栽種）	細香蔥、南瓜、小松菜、番薯、紫蘇、洋蔥、玉米、大蒜、胡蘿蔔、日本、薯蕷薤
1年	毛豆、秋葵、蕪菁、高麗菜、茼蒿、塌棵菜、白蘿蔔、青江菜、冬瓜、蔥、香芹著、蓮菜（甜菜）、菠菜、小黃瓜
2～3年	草莓、花椰菜、四季豆、馬鈴薯、西洋芹菜、蠶豆、薯蕷、鴨兒芹、香瓜、橡葉萵苣、萵苣
4～5年	芋頭、辣椒、青椒、香瓜
6～7年以上	食莢豌豆、牛蒡、西瓜、茄子、番茄

（資料來源：根本久《蔬菜 果樹 草花 庭木的疾病和害蟲》主婦之友社）

輪作相性佳和差的順序

輪作相性佳的順序

小麥	蔬菜、蠶豆、番薯等
落花生	瓜類、番薯、玉米等
瓜類、紅豆、白菜、番茄	玉米
西瓜、茄子	落花生
草莓	香瓜、番茄、南瓜、玉米、白蘿蔔
菜豆	玉米、大麥
薯蕷	陸稻
白蘿蔔	小黃瓜、黃豆、小麥、番薯
蒟蒻	陸稻、玉米、小黃瓜、番薯、黃豆、落花生
陸稻	牛蒡
向日葵	小麥、玉米等

輪作相性差的順序

菠菜	小黃瓜、番茄
番薯	芋頭
馬鈴薯	豌豆

（資料來源：JA 長野中央會「長野食農教育情報廣場」網頁資料）

農地的衛生管理

不留下越冬（越夏）害蟲的方法

病原菌會和已經發病的蔬菜的莖、葉和根等殘骸一起在土裡越冬或越夏，因此栽培結束以後，不應該在農地上留下任何殘渣，並將清除好的殘渣埋進深達1m以上的土裡，或是將它們集中起來後加以燒毀（如果是玉米，在收獲之後需要將芯的部分細細裁斷後再埋進洞裡）。

因爲根瘤線蟲類等在田間作物收成後，仍有多數會殘留在埋在土壤中的作物根部，因此應該集中這些發生瘤狀物的根部做好事後的處理。就算作物根部的樣子看起來正常，只要是發生過根瘤線蟲危害的田地，都應該將所有作物的根部作集中處理。

不要在田間放置收割下來的蔬菜

不同的害蟲所喜歡的蔬菜種類也不一樣。害蟲並不會因爲喜歡的蔬菜採收後，就跟著消失不見，害蟲有大舉移動到它們次喜歡的蔬菜上大快朵頤的傾向。因此如果將採收後的蔬菜放置在田裡的話，對害蟲來說田地不啻成爲牠們最理想的聚集地（增殖的場所）。爲了不讓周邊的蔬菜受到害蟲侵襲，待收獲結束後不該將蔬菜放置在田間，而是要盡快加以處理才行。

此外未熟的有機物會吸引金甲蟲和歐洲花蠅前來產卵，因此腐敗土或堆肥等應該使用已經完熟的有機物。

小細節，大用處

除此之外，時常清潔農地和農具也是防治害蟲所不可或缺的功課。

掉在農地上的落葉或果實會成爲病害蟲的棲息處，因此需要頻繁的進行清掃活動。特別是從果樹上落下的果實如果不去處理，有可能會成爲越冬蟲到了明年繼續危害作物的導火線。務農的人要提醒自己不要疏於觀察農地，並勤快處理掉落的果實。

如果將注意力全部放在觀察田間的作物上，而疏於管理使用的農具，反而讓附著於農具上的病原菌感染作物的話，只能說是本末倒置了。因此不只要保持農地和作物的清潔，也別忘了經常維護農具的乾淨。

這節裡提到的內容，是對於進行防治病蟲害之前，一個作物栽培者應該特別留意的地方。雖然都是些小事，但是若能打好這些基本功，在防治病蟲害上面也能發揮出強大的功效。

農地衛生管理的四項要點

栽培活動結束後，
不留下任何殘渣

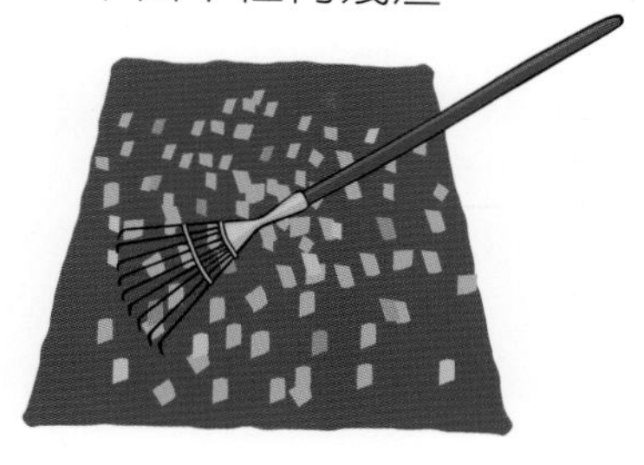

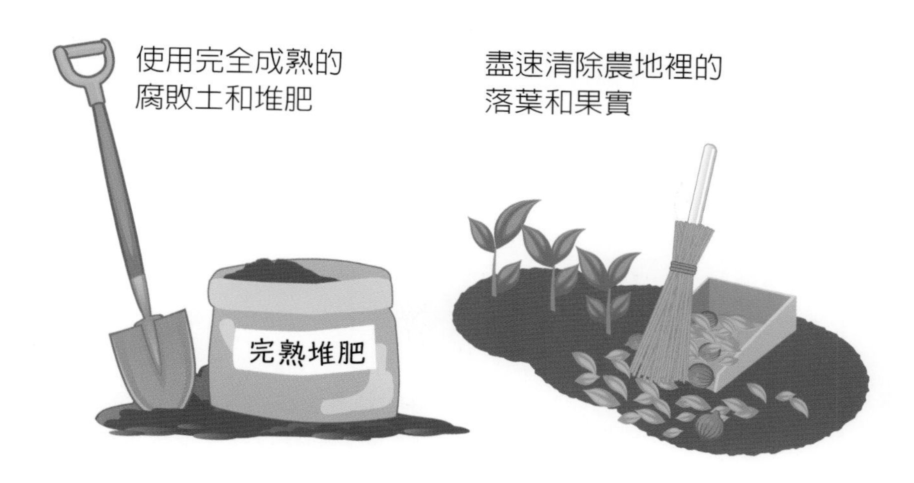

經常保持農具的清潔

認識共生植物

●適合用於家庭菜園的組合

隨著「想在自己家裡栽種無農藥（減農藥）蔬菜」的需求增高，「共生植物」這個詞彙越來越爲人所知。雖然不少人都聽過「共生植物」，但是抱持「雖然很有興趣，但是好像很難」想法的人卻不少。

接下來的內容中將介紹給想要開始經營家庭菜園，或是剛開始打造自己家庭菜園不久的人，三種家庭菜園中最受歡迎的蔬菜以及和它們相性佳的香草組合。不管你的菜園在陽台上或花盆中，都可以簡單來實踐，請務必一試。

●和番茄（迷你番茄）相性佳的香草

- 羅勒：羅勒的味道能驅蟲，還能增加番茄的甜度。番茄也能幫羅勒遮擋夏天強烈的日照，讓羅勒葉保持柔軟。
- 百里香：不但能吸引蜜蜂來幫忙授粉，還可以驅除白粉蝶。
- 萬壽菊：對線蟲具有殺菌的效果。可以保護番茄不受粉蝨和蚜蟲的侵擾，雜草也不易叢生。

●和茄子相性佳的香草

- 香芹：香芹的氣味能驅除害蟲，防止茄子植株下方土地的乾燥。茄子也能爲香芹（喜歡陰影）提供遮陰。
- 蔥、韭：韭菜根部的微生物能防止土壤病害的發生，促進雙方的生長。茄子和蔥可以互相利用對方不需要的物質，讓彼此保持良好的營養狀態。

●和青椒相性佳的香草

- 紫蘇：能夠趕走侵襲青椒的害蟲，讓青椒的味道更好，爲青椒的成長帶來助益。

近年共生植物的使用在家庭菜園中也開始受到關注

第 **10** 章

活用身邊的材料進行防治工作

什麼是「特定農藥（特定防除資材）」？

日本導入「特定農藥指定制度」的背景

日本的農藥依據「農藥取締法」，對登錄於國家（農林水產省）中的農藥（登錄農藥）其製造、輸入、販賣、使用都有相關的規定。沒有登錄的化學物質，不能作為病蟲害防治的農藥來販賣及使用。這項法律原本是針對製造販賣為要點制定的規範，但是在二〇〇二年（平成十四年）時，因為發生了「無登錄農藥問題」，甚至有人為此遭到逮捕，日本國內無登錄農藥交易的氾濫才浮出檯面。此外有些想鑽法律漏洞的生產者，以個人的名義進口無登錄農藥來使用的案例也遭查獲。因為這些事件，導致日本政府修正了農藥取締法（二〇〇二年交付，二〇〇三年（平成十五年）施行），在製造販賣之外，加入了禁止輸入和使用的規定，同時還新設了「特定農藥指定制度」。

受到指定的只有五種材料而已

「特定農藥指定制度」擔保了因農藥取締法的修正而帶來的食品安全性，除此之外對於具有防治病蟲害效果材料的製造和使用也必須做出相關登錄規定（農藥登錄的義務化）的制度。同法第2條定義「（特定農藥）必須是對農作物等，人畜以及水產動植物明確不會造成危害疑慮的原材料，並由農林水產大臣及環境大臣所指定的農藥」。

此外，因為特定農藥為「不是農藥的農藥」，因此將它們冠以「農藥」之名，引起了許多異議和反對的聲音，之後「特定防除資材」成為這類材料的通稱，獲得使用上的認可。

隨著制度的導入，原本作為特定農藥候補的有高達七百四十種材料，但是受到指定的只有「小蘇打（碳酸氫鈉）」、「食用醋」、「當地的天敵（七星瓢蟲和寄生蜂等）」三項而已，其他的或是列入指定保留名單或是遭到駁回。雖然在二〇一四年（平成二十六年）條文經過修正後，乙烯和次氯酸水（只限於從鹽酸或氯化鉀水溶液電解後得到的）被指定為新的特定農藥，目前仍然有許多材料仍在指定保留的名單內。

使用「指定保留資材」合法嗎？

從結論來說的話是沒有問題。到目前為止受到指定保留的材料，可以依個人的判斷和責任來使用。但是如果以宣傳藥效的方式來販賣，會被視為販賣無登錄農藥而受到處罰。

受到指定保留的材料，都是以「在科學上效果尚未得到證明」或「在安全保證上不完整（不同商品在製造方式和成分上也不相同）」為理由被列於名單上，這點是需要特別留意之處。

特定農藥指定的評估材料（32 種）

材料	材料
所有種類的胺基酸	蒜
三叉仙菜（紅藻）	蔥的地上部
即溶咖啡	啤酒類酵母分解物
印度苦楝樹的果實、樹皮、葉子	檜醇檜葉油
吲哚乙酸	檜木的葉子
美西側柏（柏科崖柏屬樹木）	石香薷（紫蘇科）
激動素（Kinetin）	山葵的根莖
甘草（豆科甘草）	苦楝皮（苦楝樹的樹皮）
酵母提煉物、檸檬酸、氯化鉀混合液	月桃（薑科月桃）
奶粉（含脫脂乳）	酒類（燒酎、啤酒、威士忌、日本酒、紅酒）
米糠	食用澱粉類（馬鈴薯澱粉、玉米澱粉、米澱粉、麥澱粉）
弱毒性病毒	食用菌類（香菇、食用蕈類）
薑	食用天然花草精油
食用植物油（含沙拉油，但不含苦茶油）	陳皮（橘子皮）
糊精（Dextrin）	糖類（只限糖醇、醣蛋白及少糖類以下的單純糖。包含海藻糖，但不含山梨糖醇）
二氧化鈦	木醋液、竹醋液

廚房裡熟悉的食用品也可以成爲防治病蟲害的利器

「食用醋」具有防蟲效果的原因

食用醋的主要成分爲醋酸，因爲含有許多有機酸類，只要經過處理就可以大幅降低pH值，發揮對害蟲的忌避效果。植物的葉子在健康時呈弱酸性，但是如果吸收了過多的氮，就會傾向鹼性而吸引蟲類靠近。此時在葉片表面噴灑醋的話可以降低pH值，還能消化葉片內部的氮。

對於水稻的種子也具有消毒的效果

此外，因爲食用醋具有強大的滲透力，因此對植物組織內部的病原菌也能發揮作用。在稀釋過的食用醋裡浸泡水稻（粳米和糯米都可以）的種子，可以防治潛藏在種子內部的病原體已經得到驗證。

使用食用醋來爲水稻種子消毒的方法，依據使用的時期可分爲「浸種前」和「催芽時」兩種，兩種方式能夠防治的病害也不同。

浸種前的浸漬處理具有防治稻熱病、馬鹿苗病、細菌性穀枯病的效果，實際使用時透過稀釋食用醋，將醋酸的濃度調整爲0.1～0.25%。市面上販售的食用醋有穀物醋、果實醋、米醋等，每一種的酸度都不相同（標示酸度爲公司的義務），這裡的酸度所指的並非pH值，而是食用醋裡所含有的有機酸總量。而醋酸又占了其中含量的80～95%，因此需要由醋酸含量換算後再進行稀釋。選擇價格便宜的食用醋一樣有效，但是要特別注意，有些業務用的食用醋含有食鹽的成分，會妨礙作物的發芽。

催芽時的浸漬處理對防治褐條病及苗立枯病有效。實際使用時在食用醋中添加30～32℃的溫水，然後將浸種後的種子浸泡二十四小時，待種子剛冒出芽即可（如果超過這個程度導致種子發芽的話，會發生食用醋的藥害）。醋酸濃度在粳米爲0.13%、糯米爲0.08%最佳。

「小蘇打（碳酸氫鈉）」的防治效果與活用

小蘇打具有抑制病原菌孢子的形成和發芽，以及控制病原菌發生的功效，對蔬菜和果樹類的白粉病和灰黴病等具有防治效果已經得到確認。

使用時，首先將小蘇打稀釋八百至一千倍，在十公畝的空間噴灑一百至五百公升。噴灑時期爲疾病發生的初期，當葉子的一部分出現如白粉的斑點時，就要重複不斷進行噴灑。

如果小蘇打的濃度過高，會造成作物的畸形和硬化，嚴重時甚至會有造成作物枯死的藥害發生，這點在使用時需要特別注意。

特定防除資材的效果如何？

經確認食用醋和小蘇打能發揮防治效果的病害

品名	經過確認能夠有效對治的病害
小蘇打	草莓、番茄、玫瑰的灰黴病 南瓜、小黃瓜、香瓜、茄子、青椒、草莓、番茄、玫瑰的白粉病
食用醋	稻米的細菌性穀枯病、馬鹿苗病 稻胡麻葉枯病（種子消毒：二十四小時浸漬處理）

（資料來源：奈良縣官網「奈良新聞揭載記事集」奈良縣農業總合中心）

利用食用醋來為水稻的種子消毒

處理稻種的時期和食用醋的稀釋方法

處理時期	種類	醋酸濃度（%）	浸漬液100公升中添加的食用醋比例	
			使用五倍醋（酸度22.0%，內含醋酸或分約95%）的情況	使用穀物醋（酸度4.2%，內含醋酸成分約80%）的情況
浸種前	共同	0.10～0.25	0.50～1.20公升	3.0～7.4公升
催芽時	糯米	0.07～0.08	※0.35～0.40公升	※2.0～2.5公升
催芽時	粳米	0.08～0.13	※0.40～0.57公升	※2.5～3.8公升

※浸種前在5～25°C的水中浸泡二十四小時，催芽時在30～32°C的水中浸泡十二至二十四小時。

如果催芽時的浸泡處理時間為二十四小時，食用醋的添加比例請使用下限值。

每種醋的酸度（市面上販售的醋皆有標示）都不一樣，請做好確認。計算使用時適宜的醋酸濃度，決定稀釋的比例。

自家製作的果實醋等酸度往往偏高，約為市面上販售的穀物醋的兩倍。按照上表的方式計算稀釋倍率雖然有點難度，但是完成之後的成品中，醋酸以外的成分（檸檬酸或蘋果酸等）所帶來的效果或可期待。

對於需要大量使用醋的人建議可以考慮「白醋」（酸度10%），白醋的價格約在市面上販售的穀物醋的五分之一以下。這裡有一點需要注意的地方，作為特定農藥在使用上受到認可的是「食用醋」，食用醋成分中的「醋酸」（過去曾在農藥登錄上，作為試劑販售）並不能當作特定農藥來使用。

那些「丟掉眞可惜」的優秀病蟲害防治材料

接下來四頁的內容會介紹一些民間用來防治病蟲害的方式，但是內容不會涉及效果還沒經過科學證明的方法。

利用「米糠」來「以菌制菌」

米糠的功效從過去開始就一直爲人所利用，近年在防治病害蟲的舞臺上一樣可以看見它的影響力。

用米糠來防治病蟲害首先要將它撒在通道上，增加米糠上面的黴（絲狀眞菌）。當它飛到空中後會沾附到作物的葉片上，占領葉面。這種作法就是趁病原菌增加前，先去占領病原菌增生的溫床。米糠上的菌類會直接捕食病原菌（寄生），透過分解酵素改變pH值來達到殺菌的效果（或者是透過分泌抗生物質或誘導出抵抗性的方式）。

當應用在實際的防治上時，以下幾點需要放在心上：

①黴菌的發生需要充足的水分，因此要讓土壤保持溼潤，

②「捷足先登」很重要，一定要搶先在疾病發生前施用，

③爲了增加田地裡的好菌，盡量不要對土壤進行消毒，事前就施用發酵肥料。

生產者中有人表示，透過米糠做病蟲害防治使「薊馬（南黃薊馬）減少了」，這有可能是因爲透過散布米糠使黴菌生長→有黴菌的話粉蟎就會增加→粉蟎增加了，牠的天敵鈍綏蟎也會增加，並且捕食薊馬類害蟲。

另外也有耳聞「蚜蟲和蟎類也減少了」的報告，或許這也是和天敵增加的原因有關。

別小看「橘子皮」

橘子皮中的檸檬酸可以起到保護土壤中黑麴黴（黑黴，它會在作物根部周邊協助製造檸檬酸）的作用。讓作物根部周圍的pH值保持在5以下，在入侵作物根部的病原菌上發生靜菌作用。

使用方式以蔥爲例，先用鍬子挖出三十至四十公分深的植溝後放入堆肥，然後再灑上NK化成（公司名稱）的肥料和乾燥的橘子皮，等厚度達到約5cm時再覆上土作定植。如果是栽種番茄或茄子，在植溝裡灑上乾燥的橘子皮直到看不見泥土的程度，然後在其上覆蓋10cm左右的土後作定植。

另外，將曬乾的橘子皮放在水桶的水中一晚，然後用浸泡過橘子皮的水來灌溉蔬菜的苗，這麼做可以讓害蟲遠離作物，讓苗順利成長。

米糠防治時發生的黴菌種類

毛黴

青黴菌（或木黴菌）

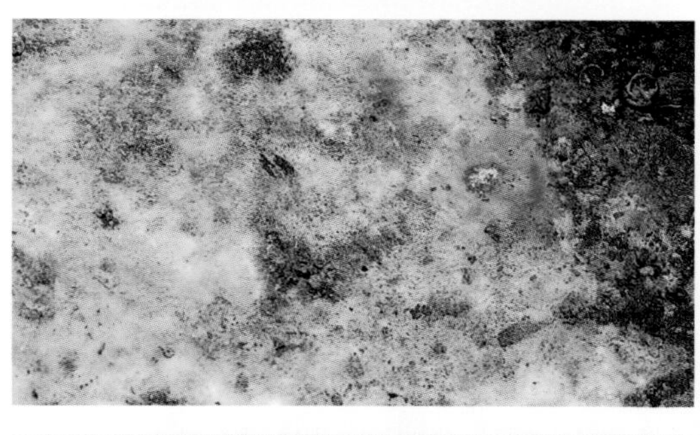
根黴（白）和
粉色麵包黴菌（紅）

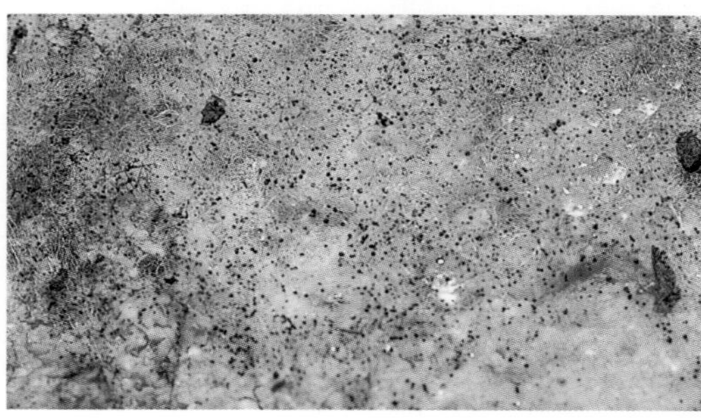
根黴（帶孢子的時期）

菌液「愛媛（Ehime）AI」

運用手邊的材料就可以簡單完成的菌液

「愛媛（Ehime）ＡＩ」是一種混合納豆、優格、乾酵母、砂糖和水所製成的菌液，任何人都可以運用手邊的材料輕易地完成。它除了可以應用在消除廁所的異味、清潔排風扇扇葉等日常生活上之外，也可以噴灑在作物的葉面上或當作溶液在農業上使用，甚至還能夠用於河川的淨化上。

「愛媛ＡＩ」也可以用來防治病蟲害

因爲「愛媛ＡＩ」中含有納豆菌、乳酸菌、酵母菌等微生物，以及它們所製造出來的大量酵素、胺基酸、有機酸、荷爾蒙等物質，因此對於防治病蟲害具有多種功效。

例如納豆菌爲枯草桿菌的一種，枯草桿菌分泌出的抗菌物質，具有溶解灰黴病等眞菌菌絲的攻擊作用（就算對白粉病病菌的菌絲沒有那麼有效，一樣可以透過經常性的噴灑，在白粉病的病菌附著於植物前，讓枯草桿菌取得優勢地位，以期達到預防的效果）。

此外當植物感知到菌類分泌出的物質後，會提升自體細胞的強度（抵抗性誘導），如果能經常對植物施以納豆菌、乳酸菌、酵母菌等對植物沒有害處的菌液，有可能提升植物對抗病原菌的能力。

關於細菌的作用，雖然至今仍有許多尚未解開、未經確認的地方，但一些用過「愛媛ＡＩ」的使用者表示「玫瑰的白粉病止住了」、「它對蘆筍的灰黴病有效」、「粉蝨黏呼呼的成分被分解了」，對該菌液持肯定的看法。

混入殺蟲劑使用也沒關係

納豆菌就算混合在農藥裡幾乎不會造成死亡。雖然百菌清和Jimandaisen（日本農藥的名稱）會殺死非芽孢狀的生菌，但液體中會殘留生菌所分泌出來的抗菌物質，而且處於芽孢狀的菌類不會死亡。因此過了一段時間，當殺蟲劑的成分分解後芽胞就會發芽，開始在葉片上增生。

另一方面，將乳酸菌或酵母菌混入農藥裡的話，會造成細菌的數量減少至爲百分之一至千分之一的程度，但不至於會全軍覆沒。「愛媛ＡＩ」裡的菌數仍然遠遠超過自然界中的數量。就算菌的數量降至千分之一，和自然界中的密度相比仍然高出許多，那些活下來的細菌會在作物的葉子上增生，這點無需太過擔心。

「愛媛AI」的製作方法——準備時間只要5分鐘，24小時内就可以完成！

材料就在自己身邊

製作500毫升寶特瓶容量所需的材料

①砂糖15公克（便宜的白砂糖即可）
②乾酵母15公克（超市就可以買到的麵包酵母）
③優格25公克（任何種類都可以，喝的也可使用）
④納豆0.1粒（碎形或完整顆粒的都可以）
⑤溫熱水250毫升（42°C為最佳）

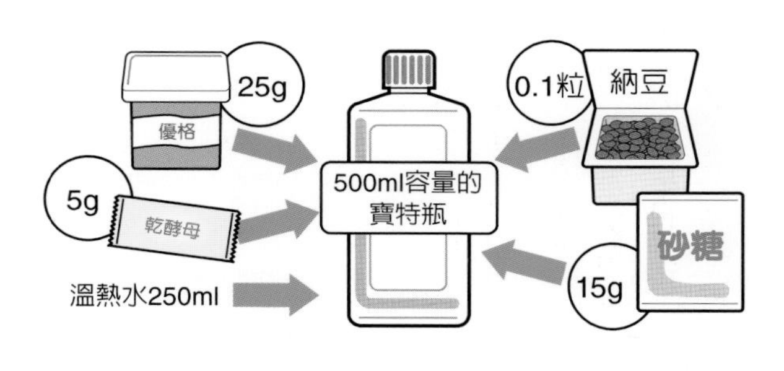

作法

① 將材料在碗中混合。因為粉狀的材料先放較不會結塊，所以首先放入砂糖和乾酵母，然後充分混合。
② 放進含水量較多的優格。
③ 放進納豆（若是用於田間，可以使用完整顆粒。如果想達到消臭的效果，可以將納豆放在濾茶匙上用熱水燙過後，只將帶有黏性的水裝入瓶中使用）。
④ 加進溫熱水後加以混合，直到液體呈泥狀為止。
⑤ 用漏斗將液體移至寶特瓶内，然後將寶特瓶放進保特瓶提袋（日本的百元商店中有賣）裡保溫。

• 液體裝入寶特瓶後，菌液會立刻開始發酵，為了排除發酵時產生的氣體，瓶蓋可以旋鬆一點。

⑥ 等待二十四小時後嘗嘗味道，如果變酸的話就完成了。加入自來水將容量補充到500毫升，為了防止雜菌進入，請將瓶蓋蓋緊後保存。

特定農藥指定制度的插曲

●制度修正背後的一段故事

二〇一四年（平成二十六年）時日本修訂了「特定農藥指定制度」，「乙烯」和「次氯酸水」（只限於鹽酸或氯化鉀水溶液經電解後得到的物質）被指定爲特定農藥的故事已經在第十章說過了。但是其實在那個時候，除了這兩項之外，還有一樣東西也朝著指定爲特定農藥的方向進行準備手續，這樣東西正是「日本燒酎」。

一些農家表示日本燒酎可以用來防治蚜蟲和介殼蟲，農林水產省和環境省以對待「乙烯」和「次氯酸水」一樣的方式進行了公衆意見（public comment）的調查。然而就在事情進行中時，約有一千八百間清酒、蒸餾日本燒酎、味醂製造商加盟的「日本酒造組合中央會」提出抗議，希望調查能夠喊停。

●指定為「農藥」的不可承受之輕

「日本酒造組合中央會」提出的意見是，「我們雖然了解特定農藥指定制度的目的，但是不希望燒酎這個名稱出現在這份名單上」。

雖然這項制度在非從事農業的人以外，於一般消費者之中的認知度並不高，但是「日本燒酎被指定爲特定農藥」的消息一旦公布後，不難想像消費者對於自身健康上的疑慮將會擴散。

此外，如果放任「日本的燒酎可以當作農藥來使用」的片面消息散播開來的話，無疑是對燒酎業界大力推行的「酷日本」政策（譯註：「酷日本」爲日本政府用來向海外行銷日本文化所制定的政策，例如推廣日本的電玩、動漫、和食等）潑了一大桶冷水。

「日本酒造組合中央會」的擔心和疑慮其來有自，主事者也看到了可能帶來的嚴重影響，於是決定重新檢討包含以燒酎的名稱作爲特定農藥指定的事項。

特定農藥指定制度在實施以前就接到許多擔心的聲音和問題，燒酎這件事只是讓制度的「破綻」更加顯而易見而已。

第 11 章

未來的病蟲害防治之道

不會產生耐性菌的「病害抵抗誘導劑」

什麼才是理想的病蟲害防治劑？

目前坊間對病蟲害防治劑的要求大致可分為三項：

①具有選擇性，對防治對象以外的生物不會造成影響。
②對環境帶來的負擔較少。
③不會促成病害蟲的藥劑抵抗性和耐性，使藥劑無效化。

包含上述三項要求，目前最理想的防治劑為用來預防稻熱病的「Oryzemate（農藥商標名）」。

非殺菌性、抵抗性誘導劑「Oryzemate」

「Oryzemate」本身並沒有直接的殺菌能力，藥劑中所含的「撲殺熱（Probenazole）」具有誘導出植物體中病害抵抗性的特異成分，讓植物對病蟲害發揮高度的防治效果。吸收了本劑的稻作如果感染稻熱病的話，體內會釋放出具有抗菌作用的活性酵素（超氧化物），有助產生抗菌物質。此外它還可以形成增加細胞壁強度的木質素（促發效應），防止菌絲的蔓延（請見下一頁）。

會產生這一連串的現象，都是「撲殺熱」放大了稻熱病毒入侵時的信號，讓稻作發現了自身的抵抗性。因為該藥劑沒有直接的殺菌力，因此不會有產生耐性菌的問題，雖然藥劑的殘效性長，對環境的影響卻不大。透過引出植物自身擁有的免疫力，該藥劑作為病蟲害防治劑，也適用於小黃瓜的斑點細菌病。

新發現！「青枯病」的抵抗性誘導物質

能夠提高植物病害抵抗性的物質稱為「植物活化劑（plant activator）」，目前針對不同作物疾病的研究正在進行中，以下介紹一些事例。

生物研（「日本國立研究開發法人農業生物資源研究所」的簡稱）中的「植物、微生物相互作用研究小組」發現了可以對「青枯病」——發生在菸草、番茄、馬鈴薯等多數作物上，難以防治的疾病——發揮作用的天然物質。研究小組從病害抵抗性反應被誘發的菸草個體中提取出「香紫蘇醇」，將它施用在作物根部，結果讓番茄對青枯病以及菸草對立枯病的抵抗能力都獲得增強。

病原體是發現新物質的源頭，針對病原體帶來的「植物過敏反應」中產生的「誘起物質」也是研究者關注的焦點。研究者從一千個「誘起物質」中檢驗出最具高活性的有效成分（透過改良型抵抗性檢定法，可以進行快速且有效率的檢測）。香紫蘇醇不會對青枯病菌直接起作用，卻有引出植物抵抗性能力的效果，因此發生耐性菌的風險很低。以誘起過敏反應的植物為材料，利用迅速檢定法，讓研究者期待發現新的抵抗性誘導信號物質。

使用 Oryzemate（撲殺熱）後的稻米發現抵抗性

■未使用撲殺熱

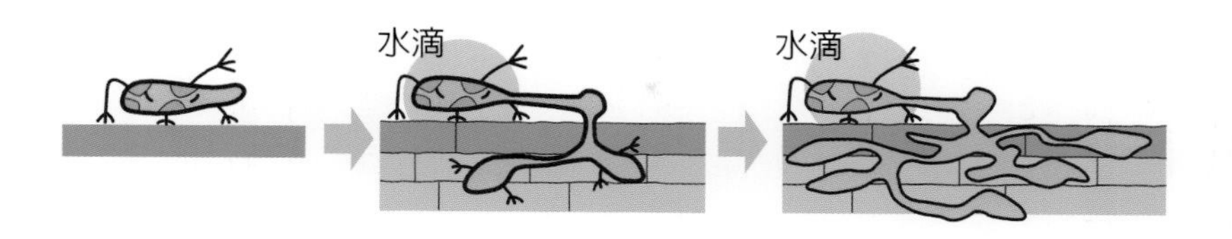

■使用撲殺熱

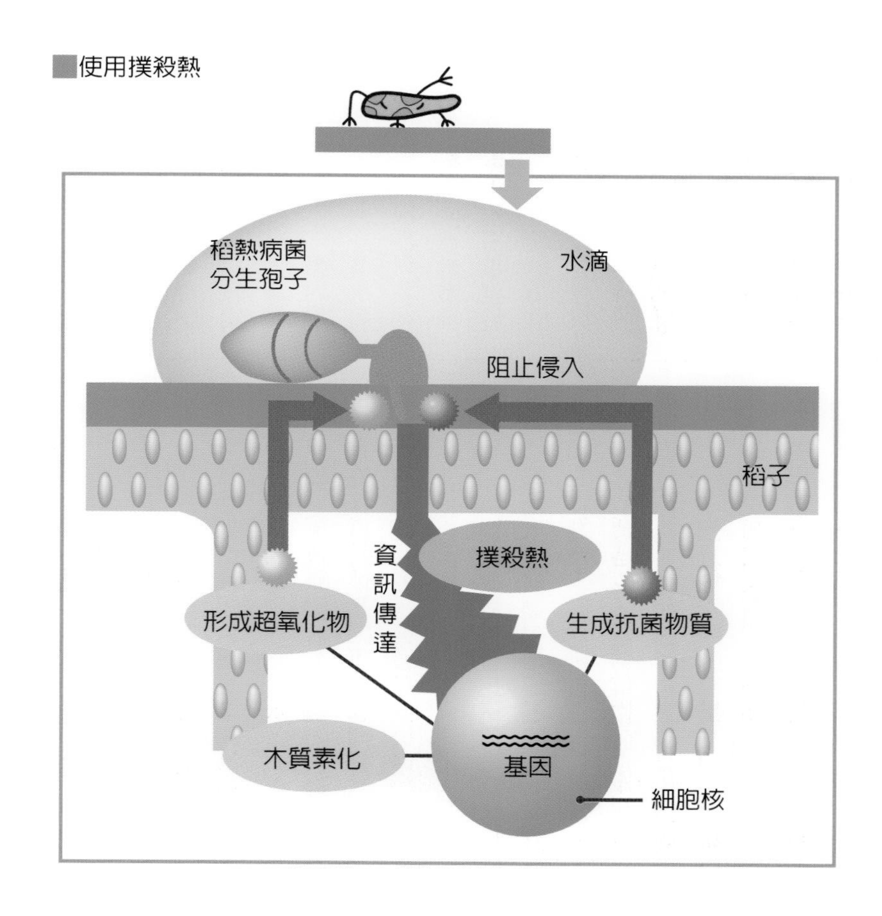

（資料來源：Meiji Seika Pharma Co., Ltd）

抵抗性品種的新方向

利用抵抗性品種和砧木

作物對病害的抵抗性大致可分爲眞性抵抗性和圃場抵抗性。大部分的眞性抵抗性受到作用力較大的主導基因支配，對特定病原菌的系統（race）產生效果。例如「關東51號」這種稻子就擁有抵抗性基因Pi－K，能抵抗稻熱病菌的race007。另外番茄品種「CF桃太郎 Fight」體內有來自野生種番茄的萎凋病抵抗性基因I和I2，因此對萎凋病race1和race2有抵抗性。「CF桃太郎 Fight」體內還導入了葉黴病耐病性CF－9等抵抗性基因，對許多疾病都具有抵抗能力。但是「CF桃太郎 Fight」因爲對萎凋病race3有罹病性，如果要在發生萎凋病race3的農地栽種「CF桃太郎 Fight」的話，就要使用對race3具有抵抗性的砧木用作抵抗性品種「Green Save」等，用嫁接的方式來栽種。

抵抗性品種的優點和問題

具有眞性抵抗性基因的抵抗性品種，對擁有相應的非病原力基因的病原系統（race）能發揮較高的功效。如果回過頭檢視病害抵抗性育種的歷史，如果抵抗性品種身上只有一種眞性抵抗性基因的話，當新的病原系統出現時，抵抗性品種經常會發生崩壞（罹病化）的問題，抵抗性品種的育種和病原系統的出現之間的角力沒有休止過。

透過「多系品種」的混植維持抵抗性

爲了找出抵抗性品種崩壞的對應方法，目前仍在進行的是把眞性抵抗性組合進幾個相異系統內的「多系品種」（multiline）開發。

例如「越光新潟BL」在不改變口感之下，培育了九種只有眞性抵抗性基因不同的同質基因系統，然後透過將這些不同系統的種子混合、混植後的「多系品種」（所謂的BL是指 Blast resistance Line，爲稻熱病抵抗性系統的略稱），以偶而改變混合比例的方式來維持抵抗性。新潟縣產的越光米目前幾乎都是越光BL，在縣內稻熱病的發生面積也得到極大的控制。

近年的抵抗性育種以導入「圃場抵抗性」爲主流。圃場抵抗性爲多種個別作用力較小的「微效基因（minor gene）」，透過相互間的協調來發現抵抗性。因爲圃場抵抗性的發現和病原菌的系統無關，因此能夠發揮安定的效果。圃場抵抗性品種的培育以基因組的資訊爲基礎，利用「遺傳標記（genetic markers）選拔法」可以快速完成選拔工作。

活用稻熱病抵抗性系統（BL）

活用遺傳標記選拔法

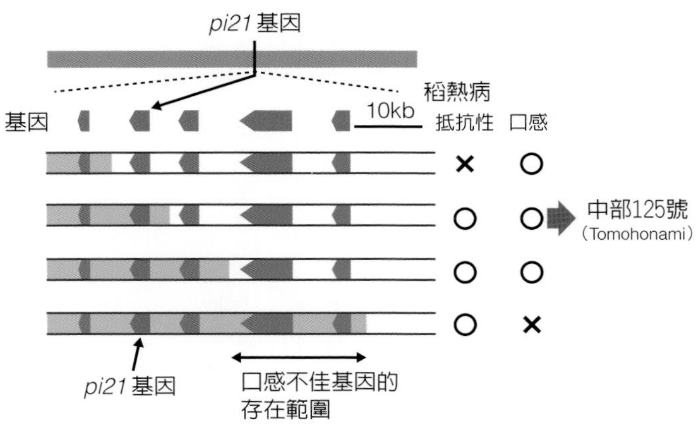

注：Pi21基因＝稻熱病圃場抵抗性基因。

實現無農藥栽培的基本技術

通向「有機少肥、健康、美味」之路

本書在第六章曾經介紹過可以使用在有機農業上的農藥，儘管如此，在日本各地還是有許多農家不用這類肥料，從事「無農藥有機農業」。要用什麼方式才能實踐無農藥的栽種方式呢？讓我們以高知縣的A先生和福島縣的B先生（兩位都是種植多樣蔬菜，以宅配的方式銷售的農家）的例子，來介紹一下基本的技術。

A和B先生都採用宅配的方式銷售自己的蔬菜，而且擁有固定的客源向他們購買，但是因爲安全才向他們買菜的誘因僅限於剛開始的階段而已。如果作物的味道不佳，將很難吸引客人持續買他們的蔬菜，因此如何種出美味蔬菜的肥培管理是最重要的事。A先生利用發酵雞糞來實現作物的「有機少肥、健康、美味」，在接近收獲時讓土壤中的氮肥不足，以增加蔬菜的甜度。B先生使用緩效性的米糠和速效性的魚粉（柴魚粉），實踐「不間斷的施肥，讓作物擁有不輸給害蟲的強壯身體」，讓種出來的蔬菜美味可口。

「適期適作」外，也要活用防蟲網

「適期適作」是A和B先生的共同點，選擇在害蟲較少的時節播種，避開大量出沒的時期，然後再搭配「物理防治」的「防蟲網、不織布網」。不用殺蟲劑的栽培法，關鍵在於該如何用和平的方式回避害蟲的侵襲，讓牠們無法接觸到作物。

此外爲了「分散風險」，同一種蔬菜會種植在不同的田地裡，不同的田裡發生的疾病和害蟲也不相同，如果將種植田地分散的話，可以降低農作物在遇到問題時慘遭全軍覆沒的可能性。

若是採行無農藥栽培，所有作物都要育苗

B先生在進行無農藥栽培時，會對所有的作物進行育苗。除了白蘿蔔和胡蘿蔔等根菜類以外，像菠菜、小松菜、芋頭等作物，他也會在育苗後才種下。

任何作物在幼苗期對於雜草和害蟲的侵襲都沒有抵抗能力。

育苗都在溫室的防蟲網之內進行，它的好處有：①能抵抗蟲害和惡劣的天候、②無論是在雨天或夜間都可以播種，不會錯過最佳時期、③作物發芽的時間一致、④定植時因爲已經成長到一定的程度，不會受到雜草的影響、⑤不用在移植到田裡後還進行疏伐。所謂育苗就是在作物最柔弱的幼小時期，給予它們最周到的保護。雖然比起直接播種所花的工序和金錢較多，但是得到的好處絕對在付出之上。

「對所有作物進行育苗」是無農藥栽培中新的「初期生育保護技術」，也是能夠增加收穫的基本技術。

以不使用農藥的方式對病蟲害防治進行多面作戰（高知縣 A 先生）

支撐無農藥有機栽培的三個要素（福島縣 B 先生）

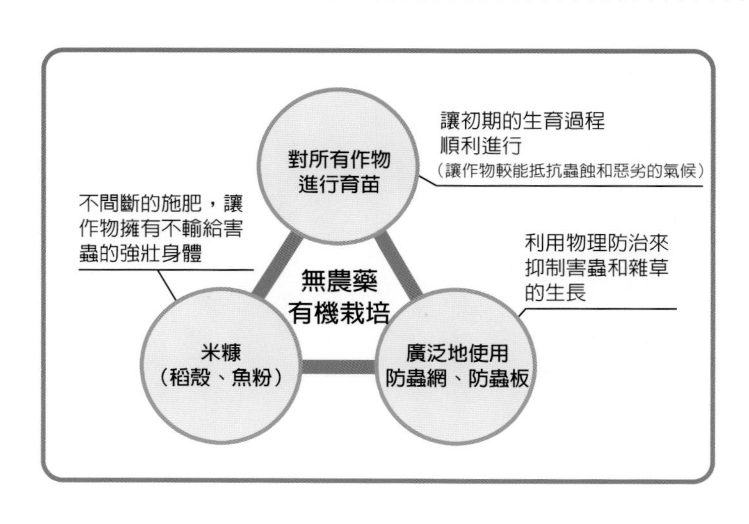

未來的病蟲害防治之道

從「有害生物整合管理」談起

利用IPM，害蟲將無用武之地

目前日本全國各地都在推廣「有害生物整合管理（Integrated Pest Management，簡稱IPM）」。下一頁爲鹿兒島縣IPM資訊網絡對IPM所下的定義和防治方法的範例。

IPM的定義中一定含有以下這幾點：

①適當的組合多種相異的防治手法加以活用。
②一定使用土著天敵作爲防治的方法之一。
③沒有必要對害蟲趕盡殺絕，只要達到不會造成經濟損失的程度，就應該維持現狀。

鹿兒島縣在多種作物上確立了IPM的技術並加以推廣，而且以打造全縣境內成爲土著天敵能夠發揮功能的環境爲目標。

IPM以活用天敵對害蟲的抑制力，讓害蟲的密度維持在無法造成危害的低密度（經濟損失在能夠容許的範圍內）爲目的。IPM的前提是創造一個可以讓天敵自然增加的環境，並選用對天敵友善的選擇性農藥，而非玉石俱焚型的藥劑。

走向IBM：生物多樣性管理

（Integrated Biodiversity Management，簡稱IBM）

近年來隨著自然保護意識的提高，如何維持生物多樣性成爲重要的議題。因此在實踐IPM的同時，如何做到保全物種成爲新的課題。著眼點不再只限於保護天敵，接下來的時代需要「生物多樣性管理（IBM）」。

我們需要的管理方式是，將害蟲維持在無法危害的密度，讓牠能和作物以及其他物種（例如在水田中瀕臨絕種的青鱂和龍蝨等生物）共生。雖然IPM是將害蟲的密度控制在經濟損失容許範圍之下的技術。但是對於如何保全稀少物種，讓牠們的密度維持在瀕臨絕種的數值之上，就需要另一套技術了，IBM就是統合兩者之後的產物。

讓耕地生態系朝向「多自然化」

讓棲息在農地的生物們可以共生的農耕方式，朝邁向耕地生態系的「多自然化」跨出了一大步。目前已經可以看到，冬季時將田間放滿水，沒有進行耕作的冬季水田就能成爲白鳥或鴨子們的棲息地。在朱鷺居住的佐渡島上，田裡種植著減農藥的稻作，田邊還建有被稱爲「江」的飼料場，裡面的泥鰍可以成爲朱鷺的食物來源。讓農地成爲動物們的樂園，不也是農家們存在的價值之一嗎？

IPM 的定義和綜合防治法的例子

（資料來源：Meiji Seika Pharma Co., Ltd）

在全體區域内保護害蟲天敵

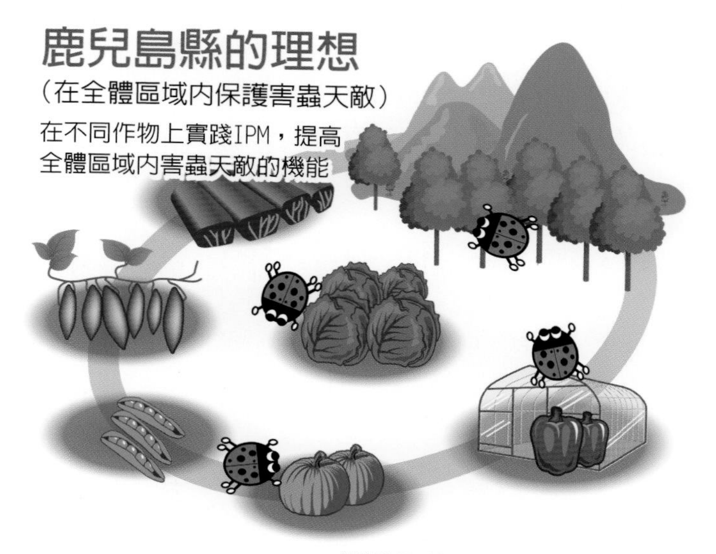

（資料來源：摘自鹿兒島縣 IPM 資訊網絡 HP）

哪一種作物能對抗野獸的侵害？

●山豬、猴子、鹿最不喜歡吃的作物是……？

同樣是對作物產生危害的生物，有些野生動物比起病蟲害帶來的損失更大，這樣的受害區域在日本國內正不斷擴大。目前野生鳥獸造成的農業損失每年在日本已經超過兩百億日圓，其中有九成的損失來自山豬、猴子和鹿。設置防護網或通電柵欄是一種解決方法，但也不妨試試故意種植一些野生動物不會食用的作物。

哪些作物較不容易受到野生動物的侵害（請參照下表）？一般來說帶有辣味、澀味、苦味、刺激性臭味，以及卡路里較低的農作物較不受野生動物青睞。因為這些野生動物不喜歡味道中含有芥子油、丹寧、苯酚類等攝食阻礙物質（奇異果屬於追熟型的水果因此較少受到影響）。

害獸名	不容易受害的作物
山豬	辣椒（鷹爪辣椒）、蒟蒻、牛蒡、蒜、紫蘇、薄荷、羅勒、秋葵
猴子	辣椒（鷹爪辣椒）、蒟蒻、牛蒡、紫蘇、芋頭、黃麻、薑
鹿	芋頭、紫蘇、苦瓜、黃麻、荏胡麻、奇異果

（資料來源：滋賀縣農業綜合中心，和歌山縣農林部，養父市農業委員會）

●辣椒是最強的忌避作物

帶有強烈刺激感的辣椒類是對治害獸最有效的忌避作物，種在自家菜園的周邊也能起到防護牆的作用。目前日本有些地方政府單位在獸害嚴重的山間地區推廣這種最強的忌避作物，希望將這些地方打造為國產辣椒的主要產地。

附 錄

雜草的防治方法

旱田的雜草管理問題

雜草管理的關鍵在於認識雜草的特性

對水田和旱田帶來威脅的有害生物除了病原菌和害蟲以外還有「雜草」。雜草雖然不像病蟲害這樣會直接對作物造成影響，但是如果放任不管的話，短時間內它就會生長得非常茂盛，並和作物競爭陽光、水和養分，造成作物的品質低落，帶來農業上的損失。此外雜草的生長如果覆蓋了大面積的土地，會造成土壤溫度下降，成爲害蟲孳生的溫床，叢生的雜草也會妨礙田間工作，對農家來說雜草是非常麻煩的對手。

然而要完全清除雜草是不可能的事情，如果使用噴灑農藥的方式來一次性解決惱人的雜草，又會對生態系和農作物帶來不好的影響，因此還是應該盡可能減少農藥的使用，更何況並非所有的雜草都會對作物帶來不良的影響。想要減少雜草帶來的危害，首先要去認識特定防治對象的生長條件和特性，然後找出相對應的處理方式。

對應雜草特性的防治方式

雜草大致可分爲「一年生雜草」（以下簡稱爲一年草）和「多年生雜草」（以下簡稱爲多年草）兩類，一年草從種子到發芽，然後到枯萎的時間循環在一年之內。與此相對，多年草這種草本植物就算地上部已經枯萎了，但是因爲地下還存在著營養繁殖器官，仍然可以存活許多年。一年草的種子很小，在地面較淺層的地方發芽，因此使用除草劑即可收到功效。此外，進行表層和深層土壤互相翻入的深耕，可以達到阻礙一年草的發芽，抑制它成長的效果。

從別的分類來看，也可以將旱田的雜草分爲「禾本科雜草」、「莎草科雜草」、「闊葉型雜草」三大系統。因爲每一種系統都有不同的對應除草劑，因此掌握好防治對象的雜草屬於哪一個系統相當重要。

此外，不同種類雜草也有偏好的土壤 pH 值和日曬方式，適合的生長環境也不一樣，事前認識雜草的特性，在實際從事雜草防治時一定會有幫助。

使用除草劑的問題

雖然驅除雜草最簡單的方法就是使用除草劑，然而除草劑卻會對雜草以外的作物和土壤裡的微生物帶來難以估量的負面影響。而且近年來因爲除草劑的頻繁施用，目前已經出現了對除草劑產生抵抗性的雜草品種。因此當我們在面對雜草問題時，首先要想到的是該如何以不使用除草劑的方式來解決。理想的作物栽培方式爲盡可能不去使用除草劑。

旱田裡的主要雜草和分類

區分		種類
一年生雜草	禾本科	升馬唐、牛筋草、看麥娘、早熟禾、狗尾草
	莎草科	莎草
	闊葉型	藜、馬齒莧、凹頭莧、粟米草、長鬃蓼、鴨蹠草、繁縷、天蓬草、薺菜、春蓼、光果拉拉藤
多年生雜草	禾本科	白茅、鵝觀草、狼尾草、知風草
	莎草科	香附
	闊葉型	魁蒿、酢漿草、蔓苦蕒、旋花、羊蹄、小酸模、半夏
蕨類植物		問荊

一年生雜草和多年生雜草的相異之處

一年生雜草

- 容易拔除
- 拔除時根附著在雜草上
- 年幼的闊葉型雜草帶有子葉

多年生雜草

- 不易拔除
- 拔除時根容易斷裂
- 根莖等相連在一起

看麥娘

特徵

看麥娘是以種子繁殖的一年生草，生活在乾燥和微溼的土壤裡，當水田排水後開始出芽。發芽的最低溫度爲5℃，20℃左右最適合生長。看麥娘分爲長在水田和旱田中兩種類型，兩者的生活型態和外型略有不同。旱田型的看麥娘在日本也被稱作「野原雀鉄砲」，和水田型相比旱田型的花序較細、小穗略短，種子也比較小。因爲看麥娘的穗長得挺直，像是槍（即日文漢字中的鐵砲）上站著一隻麻雀，因此在日本被稱作「雀鐵砲」。

科　名：禾本科
別　名：雀枕、槍草、Pipi 草
植生地域：日本全國
生活史：一年生草
高　度：5～30cm
花　期：3～5月

防治法

在麥田中，看麥娘經常於播種前出芽，如果將它放在農地上不管，隔年就會大量出現於田中，因此在發現初期就要盡早做好徹底的防治工作。雖然可以使用除草劑甲基噻吩磺隆（Thifensulfuron methyl）來作防治，但是目前已經出現了具有抵抗性的品種，因此在防治對策中應該加入耕種性防治。

升馬唐

特徵

升馬唐在日光充足的路旁或空地等處皆可輕易看到，是生命力堅強的一種雜草，同時也是旱田裡代表性的一年生草。莖的基部橫臥地面展開，如果旁邊其他植物存在的話，升馬唐會挺直莖的上半部像是和其他植物較勁一樣。葉片呈線狀披針形，先端尖，薄而軟。升馬唐在13℃左右就會發芽，15～20℃最適宜生長。日本稱升馬唐爲雌日芝，它可以在夏日的艷陽下生長，葉片柔軟，和雄日芝（牛筋草）相比給人一種柔軟的形象，因此才有雌日芝的稱呼。

防治法

在作物播種後出芽前，可以噴灑土壤處理劑來做防治。雖然西殺草（Sethoxydim）等莖葉處理劑可以收到成效，但隨著升馬唐日漸成長，除草劑的效果也會逐漸減弱，因此還需要進行中耕、培土（在作物根部堆土）等防治作業。

科　名：禾本科

別　名：女芝、地縛、儉草、相撲取草

植生地域：日本全國

生活史：一年生草

高　度：40～80cm

花　期：7～9月

橙紅蔦蘿

特徵

原產於熱帶美洲，在一八五〇年前後作爲觀賞植物進入日本，在野生化後生長範圍擴大。橙紅蔦蘿的種子發芽率高，因爲會長出藤蔓纏繞作物而且生長茂盛，對農家造成很大的危害，是令人傷腦筋的雜草。橙紅蔦蘿會在15℃以上發芽，葉子呈卵形，先端尖，基部爲心型，會開出紅色的花。橙紅蔦蘿的日本別名爲「丸葉縷紅草」，「縷」爲細絲的意思，因爲它的葉子圓而如細絲一般，又會開出紅色的花才有了這個稱呼。

科　名：旋花科

別　名：丸葉縷紅草、縷紅朝

植生地域：日本東北地區以南

生活史：一年生草

高　度：攀緣植物

花　期：7～10月

防治法

土壤處理劑和莖葉處理劑對橙紅蔦蘿都沒什麼效果，若大量出現，在防治上將會相當困難，是一種不好對付的雜草。因此除了早期發現之外，在藤蔓和種子還沒形成之前，就應該採取中耕、培土（在作物根部堆土）或合併使用割草機等機械性的防治法來做澈底清除。

藜

特徵

藜在旱田和路邊都可見到，是分布範圍廣闊的雜草。藜原產自歐亞大陸，日本在古代相當早的時期就將藜作爲食用植物從中國引進。因爲藜的嫩葉上有密集的透明白粉狀物體因此才有白藜的稱呼。此外白藜的近親也有如沾附上紅紫色粉狀物的紅藜。6℃左右爲藜適合的發芽溫度，藜可說是發芽時期最早的雜草之一。藜喜歡乾燥的地方，因此不會生長在水田等溼潤的地方。最近藜也成爲大豆栽種上面臨的挑戰。

防治法

因爲藜的發芽較早，因此在爲農地鬆土時需要做得更確實。使用土壤處理劑是比較有效的處理方式，作物在發芽前噴灑的話可以達到防治的效果。作物發芽後可以用中耕、培土（在作物根部堆土）的方式來處理。

科　名：莧科

別　名：白藜、Hanpoko

植生地域：日本全國

生活史：一年生草

高　度：60～150cm

花　期：8～10月

長鬃蓼

特徵

長鬃蓼生長在旱田、路旁和空地等許多地方，是隨處可見的雜草。莖呈圓柱狀帶紅色爬在地上生長，上半部斜向而直立，葉尖兩端呈尖狀，在7～10℃時發芽。旱田中有許多長鬃蓼的近親，如旱苗蓼、春蓼、柳蓼等。日文中有一句「食蓼之蟲」的諺語（譯註：指每個人的喜好不同，青菜蘿蔔各有所好），這裡的蓼指的即就是柳蓼。長鬃蓼的日語別名爲「紅飯」，因爲紅色的果實看起來就像紅色的米粒一樣而得名。長鬃蓼的日本名稱爲犬蓼，意爲「不能吃又派不上用場的蓼」。

防治法

在作物播種後噴灑土壤處理劑雖然在防治上有效，但是長鬃蓼的出芽深度在1～3cm左右，是雜草中比較深的類型，因此只靠土壤處理劑很難達到防治，所以還需要配合中耕、培土（在作物根部堆土）才行。如果是禾本科作物，也可以使用對闊葉型雜草有效的莖葉處理劑。

科　名：蓼科

別　名：紅飯

植生地域：日本全國

生活史：一年生草

高　度：20～50cm

花　期：6～10月

問荊

特徵

蕨類植物的近親，群生在旱田和水田的田埂和土堤上。地下莖呈橫向生長，從各個節的部位向地上長出莖來。地上莖分爲營養莖（問荊）和孢子莖（土筆）兩種類型。初春時土筆會先冒出頭來，肉質柔軟呈圓柱狀直立而生，並在莖的先端形成孢子囊。之後形狀和土筆完全不同，肉質堅硬呈綠色的問荊就會發芽，從上部的節密集長出輪生狀的枝。因爲孢子莖和筆的形狀相似，因此又被稱作「土筆」。

防治法

從平地到山地、溼地到乾地、貧瘠的土地到肥沃的土地中都可以看到問荊的身影，它是一種生長範圍極廣的雜草，因爲生命力很堅強，因此防治極爲困難。問莖的地下部擁有數倍於地上部的生物質（biomass），所以需要反覆噴灑作用效果能達到地下部，且具有移行性的莖葉處理劑。

科　名：木賊科

別　名：土筆、土筆坊、Tsugitsugi、杉菜草

植生地域：北海道至九州

生活史：多年生草

高　度：營養莖 30～60cm
孢子莖 10～30cm

花　期：3～4月（孢子莖）

鴨蹠草類

特徵

鴨跖草類普遍生長於路旁和荒地等地方，10℃前後發芽，因爲初期成長很快，是對夏季作物產生嚴重危害的雜草。莖的下半部匍匐橫向生長，從節長出根來。莖的上半部橫向斜上生長，就算被切斷還可以再生。葉片前端呈尖形的廣披針狀，從夏至秋，莖的前端附有貝殼狀的苞，苞內形成數個花蕾，會開出藍色的花朵。關於名稱的由來有一說是，因爲過去日本人利用鴨跖草的花瓣來爲衣服染色，因此有「著草」（Tsukikusa）之稱，之後才演變爲「露草」（Tsuyukusa）這個名稱。

防治法

因爲鴨跖草類出芽的時間較早，如果是在作物撒種前就發芽的情況，可以透過在農地上確實鬆土的方法來防治。如果是在作物播種後發芽，雖然可以使用土壤處理劑，但是成效並不理想。如果作物是禾本科的話可以噴灑闊葉型雜草用莖葉處理劑。

科　名：鴨跖草科

別　名：著草、青花、帽子花

植生地域：日本全國

生活史：一年生草

高　度：15～50cm

花　期：6～9月

龍葵

特徵

容易在路旁和旱田間見到的雜草。莖直立，從莖上分出的斜枝會擴大整個植株，分枝的前端會開花。葉片呈廣卵形，先端尖。龍葵的近親有大犬酸漿、少花龍葵、光果龍葵等爲數不少，雖然可以用花冠、果實、種子的形狀來辨識，但是要區別並不容易。果實爲球型，最初爲綠色，變黑之後表示成熟了。此外龍葵體內含有有毒物質茄鹼。龍葵的日本名稱「犬酸漿」意思是「雖然長得像酸漿，卻沒什麼用處」。

防治法

因爲除草劑對龍葵起不到什麼作用，因此它會在大豆田等地方造成嚴重的問題。龍葵一旦入侵旱田以後，再去進行防治就不容易了，因此如何預防龍葵對田地的入侵和定著相當重要。確實執行中耕、培土（在作物根部堆土）後，如果田裡還有殘留的雜草，可以在田埂和植株間噴灑非選擇性的莖葉處理劑。

科　名：茄科

別　名：Bakanasu

植生地域：日本全國

生活史：一年生草

高　度：20～60cm

花　期：8～10月

鐵莧菜

特徵

鐵莧菜普遍生長在路旁和空地等處，是夏季旱田裡的嚴重危害性雜草之一。莖硬而細長，直立分支。葉片互生，形狀爲卵形至卵形長橢圓形，葉緣呈鋸齒狀。植株全體被稀疏的毛所覆蓋，葉片側邊的小枝上會開花。花分爲雄花和雌花，雌花被編笠狀的總苞包覆著，雄花爲淡褐色在總苞外側，長有小穗。桑草這種雜草和鐵莧菜長得相似，區別方法爲桑草沒有編笠狀的總苞。因爲鐵莧菜的葉子和榎木（譯註：中文稱朴樹）很像，因此日文的名稱爲「榎草」。

防治法

作物播種後可以用土壤處理劑來防治。如果還有殘株留下，在作物的生長期間裡，採用中耕、培土（在作物根部堆土）的方式可以收到效果。鐵莧菜一般在旱田中較少群生，因此可以用人工的方式割除。如果田裡是禾本科的作物，可以噴灑對闊葉型雜草有效，具有選擇性的莖葉處理劑。

科　名：大戟科

別　名：編笠草

植生地域：日本全國

生活史：一年生草

高　度：30～50cm

花　期：7～10月

薺菜

特徵

生長在旱田、冬季的水田和路旁，是春天的七野菜之一。秋天時種子開始發芽，以簇生的型態度過冬天，到了隔年春天成長開花。其中也有在春天發芽的類型，這時葉片就不會長成簇生的樣子，然後到夏天開花。莖在基部會分枝，葉片幾乎都是根出葉，呈羽狀深裂。莖的前端有花柄，十字狀的白花呈總狀花序。日文名稱有「夏無（Natsuna）」，意味著夏天一到薺菜就會枯萎。它還有另一個名稱爲「撫菜（Nadena）」，因爲它可愛的白花令人想一親芳澤（撫摸）。

科　名：油菜科

別　名：Penpengusa、Shamisengusa

植生地域：日本全國

生活史：一年生草

高　度：20～40cm

花　期：2～6月

防治法

如果是秋天出芽型的薺菜，在它出芽前可以土壤處理劑來達到有效的防治。如果是春天出芽型，可以靠人力來清除或用中耕、培土（在作物根部堆土）的方式來防治。如果大量生長的情況出現，可以使用對闊葉型雜草有效的選擇性莖葉處理劑作防治。

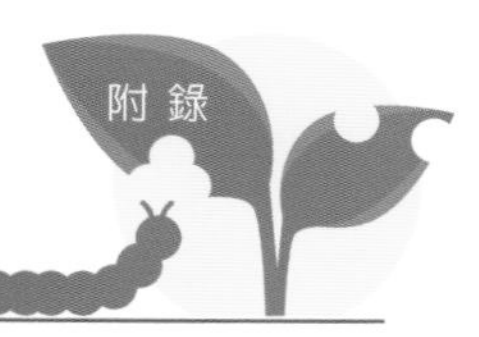

水田的雜草管理課題

生長在田裡和田埂上棘手的水田雜草

水田的雜草和旱田一樣分爲一年生和多年生兩種，雜草不只長在田裡還擴及到周邊的田埂上，對稻作的成長造成相當大的危害。近年在田裡的雜草因爲除草劑的使用已漸漸減少，但是田梗上，具有除草劑抵抗性，難以應付的多年草卻有增加的趨勢。

水田的雜草可分爲在滿水情況下生長的「水生雜草」，和在溼潤土中生長的「溼生雜草」。水田裡雜草的種類幾乎都是水生雜草，因爲水生雜草就算在土壤中缺氧的情況下還是能發芽，因此相當不好應付。可以說水稻種植的歷史，就是和這些雜草的抗爭史也不爲過。

水田雜草的耕種性防治法

不使用農藥，而是透過改變栽培方式來抑制雜草生長的作法稱爲「耕種性防治法」。目前「耕種性防治法」中，已經採用了多種經過改良的栽培方式。

例如在秋天時於田間栽種蓮花等綠肥作物，就可以抑制雜草在冬天發育。插秧時在田面以鋪地毯式的方式鋪上紙膜（再生紙覆蓋物），可以讓田裡的水位在一定期間內，保持在一定的深度，透過這種「深水栽培」，稗類等溼生雜草會淹沒在水中處於缺氧的狀態，使其成長受到阻礙。此外，如果水稻田和旱田能進行「田畑轉換」的話，棘手的水生多年生雜草在旱田中幾乎會全軍覆沒，可以期待達到完全根治的效果。

不使用除草劑的其他除草方法

不使用除草劑的除草方法除了「耕種性防治法」外，還有「物理性防治法」和「生物性防治法」。

使用迴轉式耕耘機或除草機等農具來進行除草，或是讓液態活性碳流進田裡，透過把水弄濁的方式來降低雜草的發生等，都屬於物理性防治的多元方法。雖然物理性防治執行起來比較麻煩，但是對生態系的影響也較小。

生物性防治法有舉衆所周知，在田間放養合鴨的方法。合鴨的確會吃雜草，而且當牠們在田裡移動時，腳掌還會去翻攪土壤的表面，造成田間的水變混濁，這樣一來光線就不容易照進水裡，使田間成爲雜草不易成長的環境，而達到防治雜草的效果。此外還有在水田裡灑米糠或是讓雜草根部腐爛等不同的方法，都具有除草的效果。

水田裡的主要雜草和分類

區分		種類
一年生雜草	禾本科	稗類（田犬稗、毛犬稗、姬田犬稗）
	莎草科	異花莎草、具芒碎米莎草、水蝨草、透明鱗荸薺、碎米莎草
	闊葉雜草	三蕊溝繁縷、陌上草、小菜蔥、虻眼草、圓葉節節菜、穀精草
多年生雜草	禾本科	雀稗、甜茅
	莎草科	牛毛氈、黑慈姑（荸薺）、水莎草、畦畔莎草
	眼子菜科	異匙葉藻
	闊葉雜草	野慈姑、沼生水馬齒、矮慈姑、水芹
水面浮游雜草		紫萍、槐葉蘋
藻類		水綿、水網藻

不使用農藥的雜草防治法

利用再生紙覆蓋物

（攝影：三洋製紙株式會社）

散布米糠

合鴨農法

田犬稗

特徵

田犬稗是最具有代表性的水田雜草的一種，會對稻作造成很大的傷害，是著名的強害雜草。和它類似的還有犬稗、姬田犬稗等種類，總稱爲「野稗」，其中最容易出現在水田裡的爲田犬稗。一開始它會長出線型的葉子，之後從根部開始分蘖，直立後開始長大發育。因爲它是和稻類在外型上相近的擬態型雜草，在莖的前端也會長出圓錐狀的穗，就算是埋在水深的地方也能順利成長是田犬稗的特色。它的名字源自於「長在田裡卻吃不了的稗」之意。

防治法

可以使用對野稗具有防治功效的除草劑「稗劑」。這種除草劑的使用時期，需要依據野稗葉片所顯示的葉齡來行事，嚴格遵守包裝上的標明的使用條件。因爲它的種子可以在土壤中存活長達十年之久，在進行防治時應盡可能不要讓它的種子殘留在土壤中。

科　名：禾本科

別　名：野稗、田稗、草稗

植生地域：日本全國

生活史：一年生草

高　度：40～120cm

花　期：7～9月

犬螢藺

特徵

犬螢藺是螢藺類中最容易見於水田裡的雜草。本來它是從植株的根莖部位生長出來的多年生草，但在水田裡對稻作帶來危害的，主要是從種子發芽的一年生類型。犬螢藺的葉片呈線型，有波浪狀的捲曲，莖呈細圓柱狀而直立，從根部分枝、叢生。長在莖前端的數個小穗，之後會形成花序。螢藺這個名字的來源有「出現在螢火蟲生息的溼地」和「小穗就像穿梭在草叢裡的螢火蟲一樣」。

防治法

針對多年生的犬螢藺，可以透過翻攪土壤和打田的方式來防治。一年生的類型因爲種子非常細小，數量又多，需要透過除草劑來澈底清除才行。然而目前已經出現了對磺醯脲類除草劑產生抗藥性的品種，增加了防治上的難度。

科　名：莎草科

別　名：—

植生地域：日本全國

生活史：一年生草（多年生草）

高　度：20～80cm

花　期：7～9月

鴨舌草

特徵

鴨舌草是水田裡最具代表性的一年生廣葉雜草的代表，也是危害稻作的強害雜草之一。因爲它的生長期比稻子早，生命力又旺盛，所以會對分櫱期和發育較遲的稻子造成很大的危害。鴨舌草會從根部長出數根叢聚的短莖，每一根莖上長出一片葉子。這種根出葉呈線型而細長，而莖葉則會隨著葉齡成長逐漸擴張，形成心狀或卵形等不同樣貌，葉片爲深綠色，厚而具有光澤。在葉柄基部還開有數朵青紫色的花。雨久花又稱作「水蔥」，這就是鴨舌草在日文的名字中稱作「小水蔥」的由來。

防治法

因爲鴨舌草會在水稻分櫱期和水稻競爭養分而產生危害，因此在水稻成長初期使用除草劑來作防治相當重要。除草劑雖然對鴨舌草能產生作用，但是近年也發現了對磺醯脲類除草劑產生抗體的類型，引發新的問題。

科　名：雨久花科

別　名：細菜蔥、蔥、椿葉、椿草、野慈姑、芋苗、水菜蔥

植生地域：日本全國（北海道較少）

生活史：一年生草

高　度：10～20cm

花　期：8～10月

黑慈姑（荸薺）

特徵

經常出現在池、沼、水田處，細長的地下莖在地裡生長，秋天時形成塊莖，到了隔年從塊莖處再長出芽來形成新的植株。莖爲圓柱狀中空直立，內部每2～4cm就有横向間隔來作區隔。莖會從基部分出新的莖而叢生。葉子爲呈筒狀的鞘，包覆著莖的基部。莖的前端附著著一些淡綠褐色，呈細長圓柱形的小穗，小穗由許多小花所組成。黑慈姑名稱的由來是因爲塊莖變黑後形狀和慈姑（茨菰）相似而得名。

防治法

只使用一次除草劑不太能收到效果，因此需要配合不同種類的除草劑多次噴灑。如果不使用除草劑，利用黑慈菇的塊莖害怕乾燥的特性，採取犁耕（反轉耕）的方式，讓塊莖暴露在表土層後造成其枯死的方式也很有效。

科　名：莎草科

別　名：Kuwaiduru、Kuwae、Igo、Goya、Giwa、Sururin

植生地域：本州至九州

生活史：多年生草

高　度：40～90cm

花　期：8～9月

矮慈菇

特徵

矮慈菇為生長在水田和溼地的水生雜草，出現在水田中的通常是以塊莖來繁殖的多年草。葉子從塊莖長出朝四面八方生長。本葉有五至七枚，細長的地下莖在土中生長，在先端會長出新的植株。成長後的葉子呈線型或篦型，葉尖呈鈍尖形。葉子之間會長出10～20cm的直立花莖，莖的上部會開出白色的花。從夏季進入秋季後，地下莖的前端會製造大量塊莖。因為葉子的形狀像剝下來的瓜皮，因此被稱為瓜皮。

防治法

盡可能在塊莖形成之前做好防治。因為只使用一次除草劑很難達到完全驅除，因此需要依據矮慈菇的成長期，配合使用不同的除草劑。此外，因為塊莖不耐乾燥和低溫，透過打田的過程將塊莖掘至表土層可以達到枯死的目的。

科　名：澤瀉科（日文漢字寫作面高科）

別　名：大星草、Futatsuware、芋草

植生地域：日本全國

生活史：多年生草

高　度：5～20cm

花　期：7～9月

野慈姑

特徵

野慈姑爲水田中代表性的多年生雜草，因爲植株的體型、大數量多，生長期又和稻米一樣，因此對稻作帶來的危害很大。除了多年生草之外，其中也有從種子發芽的一年草類型。成長後的野慈姑葉子呈鏃型，先端呈尖狀。從葉間會長出花莖，花莖上部會開出三朵白花。秋天時地下莖生長，莖的前端會生出多個鳥嘴狀的塊莖，一個植株約有五十至一百個塊莖，隔年再從這些塊莖上長出芽來。「面高」這個名字有一說是來自「長的高挺又像人臉（面）的葉子」之意。

防治法

利用莖葉處理劑對防治隔年會發芽的塊莖有效。因爲野慈菇的塊莖壽命約爲一至二年，只要在這期間能夠做到完全清除的話，就可以預防進一步發生的可能性。然而最近對硫醯基尿素類（Sulfonylurea）除草劑產生抗體的品種已經出現了。

科　名：澤瀉科（日文漢字寫作面高科）

別　名：花慈姑、三角草、芋草、頤無

植生地域：日本全國

生活史：多年生草

高　度：20～80cm

花　期：8～10月

陌上草

特徵

生活在水田或溼地，是水田中代表性的一年生闊葉型雜草。成長後的葉子呈卵圓型，葉緣無鋸齒狀，葉片柔軟而有光澤。莖呈四角柱狀，從基部產生分枝。從葉腋處長出長花柄，先端開有淡紅紫色的小花。多見於水淺處，也會生長於較溼潤的旱田。美洲母草及母草雖然和陌上草長得相似，但兩者葉緣爲鋸齒狀，可作爲區別。「陌上草」的意思是「長在田埂（陌）上的草」。

科　名：母草科

別　名：小豆草、小米（音譯漢字）、大筵（音譯漢字）

植生地域：本州至九州

生活史：一年生草

高　度：10～20cm

花　期：8～10月

防治法

插秧後使用土壤處理劑或一次性處理劑（效果只有一次的除草劑）來防治。如果還有殘株，可以使用成分相異的一次性處理劑或莖葉處理劑來抑制。然而最近已經發現對硫醯基尿素類除草劑產生抵抗性的品種。

合萌

特徵

合萌常見於水田和畦等溼地，以及溼潤的旱田裡，為一年生闊葉型雜草。本葉互生，呈羽毛狀的複葉上有十五至三十對的小葉。莖直立，上部中空，分枝稀疏。從夏天到秋天葉腋處會長出花莖，並在先端開出1cm左右，呈黃色蝶型的花。花瓣（旗瓣）上有橙色的斑紋是合萌的特徵，開花後會形成莢狀的果實，裡面有和玄米差不多大小的黑色種子。合萌的葉子和合歡木相似，因此有「合歡草」之稱。

科　名：豆科

別　名：Akihokori、Katsukogusa、Nemucha

植生地域：日本全國

生活史：一年生草

高　度：50～100cm

花　期：7～10月

防治法

合萌的防治最重要的是在種子成熟落地前就要加以割除，不要讓種子留在水田和田埂間。因為合萌容易出現在土壤微露出水面的淺水田間，透過打田等方式，在稻作移植後噴灑選擇性莖葉處理劑可以達到防治效果。

参考文獻

根本久『野菜果樹草花庭木の病気と害虫』主婦の友社、2013
米山伸吾編著『病気・害虫の出方と農薬選び』農文協、2006
大串龍一『農学基礎セミナー　病害虫・雑草防除の基礎』農文協、2000
根本久・矢口行雄『もっともくわしい植物の病害虫百科』学習研究社、2005
農業・生物系特定産業技術研究機構『最新農業技術事典』農文協、2006
平野千里『原点からの農薬論―生き物たちの視点から』農文協、1998
田中修『植物はすごい―生き残りをかけたしくみと工夫』中央公論新社、2012
寺岡徹監修『図解でよくわかる　農薬のきほん』誠文堂新光社、2014
日本土壌協会監修『 解でよくわかる　土 肥料のきほん』誠文堂新光社、2014
堀江武監修『図解でよくわかる　農業のきほん』誠文堂新光社、2015
横山和成監修『図解でよくわかる　土壌微生物のきほん』誠文堂新光社、2015
米山伸吾・木村裕『新版　家庭菜園の病気と害虫』農文協、2012
根元久・矢口行雄監修『決定版　植物の病害虫百科－植物の病害虫その知識と予防』学研パブリッシング、2012
東山広幸『有機野菜ビックリ教室』農文協、2015
桐島正一『桐島畑の絶品野菜づくり①』農文協、2013
沼田眞・吉沢長人編集『新版　日本原色雑草図鑑』全国農村教育協会、1975
森田弘彦・浅井元朗『原色　雑草診断・防除事典』農文協、2014
浅井元朗『植調　雑草大鑑』全国農村教育協会、2015

「月刊　現代農業」農文協
「月刊　農耕と園芸」誠文堂新光社
「農薬時代」日本曹達株式会社

Dr.岩田の植物防御機構講座（http://www.meiji-seika-pharma.co.jp/agriculture/lecture/activator.html）Meiji Seika ファルマ株式会社
営農 PLUS（http://www.yanmar.co.jp/campaign/agri-plus/）ヤンマー
ながの食農教育情報プラザ（http://www.iijan.or.jp/shokunounet/）JA 長野中央会
奈良新聞 載記事集（http://www.pref.nara.jp/20282.htm）奈良県農業総合センター
農林水産省ホームページ（http://www.maff.go.jp）農林水産省

作者簡介

有江　力（**Arie Tsutomu**）

東京農工大學農學院教授，農學博士。

出生於東京都，東京大學大學院農學系研究科博士課程結束後，成爲理化學研究所的研究員。

二〇〇〇年開始擔任現職。

作者利用有效且對環境負擔小的方式，防治生產食用植物時所遇到的障礙之一植物疾病，以穩定供給安全食物爲目標，針對病原菌對植物的侵害，從事有關分子生物學的解析，研究建構對環境負荷小的「病害防治系統」的研究。

國家圖書館出版品預行編目（CIP）資料

圖解病蟲害的基礎 / 有江力著 ; 林巍翰譯.
-- 初版. -- 臺北市 : 五南圖書出版股份有限公司, 2018.12
面 ; 公分
ISBN 978-957-763-118-3(平裝)

1.植物病蟲害

433.4　　107018833

5N17

圖解病蟲害的基礎

作　　者 — 有江力
譯　　者 — 林巍翰
審　　定 — 朱玉
發 行 人 — 楊榮川
總 經 理 — 楊士清
總 編 輯 — 楊秀麗
副總編輯 — 李貴年
責任編輯 — 何富珊
內頁排版 — 賴玉欣、陳維晟
封面設計 — 王麗娟
出 版 者 — 五南圖書出版股份有限公司
地　　址：106台北市大安區和平東路二段339號4樓
電　　話：(02) 2705-5066　傳　　真：(02) 2706-6100
網　　址：https://www.wunan.com.tw
電子郵件：wunan@wunan.com.tw
劃撥帳號：01068953
戶　　名：五南圖書出版股份有限公司
法律顧問　林勝安律師事務所　林勝安律師
出版日期：2018年12月初版一刷
　　　　　2022年 4 月初版二刷
定　　價　新臺幣380元